Tops und Flops. Hightech in Patenten

Thomas Heinz Meitinger

Tops und Flops. Hightech in Patenten

Vom Elektrofahrrad, dem Reißverschluss bis zur Startvorrichtung für Flugzeuge

Springer Vieweg

Thomas Heinz Meitinger
Meitinger Patentanwalts GmbH
München, Deutschland

ISBN 978-3-662-71854-4 ISBN 978-3-662-71855-1 (eBook)
https://doi.org/10.1007/978-3-662-71855-1

Die Deutsche Nationalbibliothek verzeichnet diese Publikation in der DeutschenNationalbibliografie; detaillierte bibliografische Daten sind im Internet über https://portal.dnb.de abrufbar.

Springer Vieweg ist ein Imprint der eingetragenen Gesellschaft Springer-Verlag GmbH, DE und ist ein Teil von Springer Nature.
Die Anschrift der Gesellschaft ist: Heidelberger Platz 3, 14197 Berlin, Germany

Vorwort

Es gibt Erfindungen, die weder das Potential haben, jemals wirtschaftlich erfolgreich zu sein, noch geeignet sind, die Entwicklung der Technologie voranzubringen. Andererseits wird man überrascht sein, dass regelmäßig erste Anwendungen von Technologien, die heutzutage unsere Berufswelt und unseren Alltag bestimmen, in früher Zeit als scheinbare Flops starteten. Es ist schon bewundernswert, wie die Pioniere früher Technologien trotz Rückschlägen in Serie an „ihre" Technologie glaubten und sie weiter entwickelten. Oft erlebten die Pioniere den Durchbruch der von ihnen geförderten Technologien nicht mehr.

Dieses Buch soll seinem Leser die Entwicklung von Technologien aufzeigen und verdeutlichen, wie Technologien erst nach langen Jahren des Forschens und Experimentierens zu praxistauglichen Produkten führen können. Ein klassisches Beispiel ist die Entwicklung der Dampfmaschine. James Watt ist nicht der Erfinder der Dampfmaschine. Allerdings verbesserte er die Dampfmaschinen seiner Zeit in einer Weise, dass hierdurch die industrielle Revolution ermöglicht wurde.

Zwei umfangreiche Kapitel dieses Buchs sind den Luftschiffen und den ersten Flugzeugen gewidmet. Bei den Anfängen der technischen Realisierung des Fliegens gab es viele Flops, da der Wirkungsgrad und die Funktionsweise der Antriebe falsch eingeschätzt wurde oder sogar angenommen wurde, dass mit reiner Muskelkraft schwere Flugapparate in die Luft gehoben werden könnten. Flops der damaligen Zeit wird man erkennen, wenn man die frühen Ausführungsformen mit den heutigen Flugzeugen vergleicht. Auf diese Weise wird man schnell erkennen, welche Erfindung in eine Sackgasse führte und welcher Erfindung, zumeist nach weiteren Optimierungen, schließlich der Erfolg beschieden war.

München
im April 2025

Thomas Heinz Meitinger

Interessenkonflikt Der/die Autor*in hat keine für den Inhalt dieses Manuskripts relevanten Interessenkonflikte.

Inhaltsverzeichnis

Über den Autor

Dr. Thomas Heinz Meitinger ist deutscher und europäischer Patentanwalt. Nach einem Studium der Elektrotechnik in Karlsruhe arbeitete er zunächst als Entwicklungsingenieur. Spätere Stationen waren Tätigkeiten als Produktionsleiter und technischer Leiter in mittelständischen Unternehmen. Dr. Meitinger veröffentlicht regelmäßig wissenschaftliche Artikel, schreibt Fachbücher zum gewerblichen Rechtsschutz und hält Vorträge zum Patent-, Marken- und Designrecht. Dr. Meitinger ist Dipl.-Ing. (Univ.) und Dipl.-Wirtsch.-Ing. (FH). Außerdem führt er folgende Mastertitel: LL.M., LL.M., MBA, MBA, M.A. und M.Sc.

Grundlagen Des Patentrechts

1

In diesem Kapitel werden die Grundlagen des Patentrechts vermittelt, die zum Verständnis der in diesem Buch beschriebenen Patentschriften notwendig sind. Die Ansprüche eines Patents beschreiben die Essenz der patentgeschützten Erfindung. In aller Regel enthalten Patente Zeichnungen der beanspruchten Erfindungen, anhand denen die Erfindung sehr schnell verstanden werden kann. Es werden daher zumeist die Ansprüche und die Zeichnungen vorgestellt und anhand dieser Teile eines Patents die in dem Patent beschriebene Erfindung erläutert.

1.1 Anmeldetag

Der Anmeldetag eines Patents ist der Tag, an dem die Anmeldeunterlagen einer Patentanmeldung beim Patentamt eingereicht wurden.[1] Der Anmeldetag bestimmt, welcher Stand der Technik dem Patentbegehren entgegen gehalten werden kann. Gemäß dem Patentgesetz ist derjenige Stand der Technik, der erst am oder nach dem Anmeldetag der Öffentlichkeit zugänglich gemacht wurde, nicht relevant.[2] Eine Ausnahme gilt für Patentanmeldungen, die erst am Anmeldetag oder später veröffentlicht werden, die jedoch bereits vor dem Anmeldetag beim Patentamt eingereicht wurden. Diese Patentanmeldungen sind bezüglich Neuheit, nicht aber bezüglich erfinderischer Tätigkeit, zu berücksichtigen.[3] Hierdurch werden Doppelpatentierungen derselben Erfindung ausgeschlossen.

[1] § 35 Absatz 1 Patentgesetz.

[2] § 3 Absatz 1 Satz 2 Patentgesetz.

[3] § 3 Absatz 2 Satz 1 Patentgesetz.

T. H. Meitinger, *Tops und Flops. Hightech in Patenten*,
https://doi.org/10.1007/978-3-662-71855-1_1

1.2 Priorität

Die Inanspruchnahme einer Priorität führt dazu, dass für ein Patent ein früher Zeitrang relevant ist. Für ein Patent wird in diesem Fall der Anmeldetag durch das Prioritätsdatum ersetzt, sodass nur diejenigen Veröffentlichungen die Rechtsbeständigkeit des Patents gefährden können, die vor dem Prioritätsdatum veröffentlicht wurden.[4]

1.3 Patent versus Patentanmeldung

Ein Patent ist ein geprüftes Schutzrecht, das gegenüber einem Unberechtigten ein Verbietungsrecht darstellt.[5] Mit einem Patent kann eine technische Vorrichtung und ein technisches Verfahren rechtlich geschützt werden. Eine Patentanmeldung ist der Vorgänger eines Patents, das sich noch in der Prüfungsphase vor dem Patentamt befindet. Eine Patentanmeldung begründet zumindest einen Anmeldetag, sodass es keinem nachfolgenden Dritten mehr möglich ist, ein Verbietungsrecht für denselben Gegenstand zu erlangen.[6]

1.4 Gebrauchsmuster

Ein Gebrauchsmuster dient dem Schutz einer technischen Vorrichtung, wobei es sich um kein geprüftes Schutzrecht handelt. Das deutsche Gebrauchsmustergesetz kennt kein Prüfungsverfahren vor dem Patentamt. Es kann allenfalls eine amtliche Recherche nach dem relevanten Stand der Technik beantragt werden.[7]

1.5 Ansprüche

Die Ansprüche bestimmen den Schutzumfang eines Patents.[8] Es gibt den Hauptanspruch, nebengeordnete Ansprüche und Unteransprüche. Der Hauptanspruch beschreibt in einem Satz die wesentlichen Merkmale der Erfindung.[9] Die nebengeordneten Ansprüche stellen eigenständige Erfindungen dar, die jedoch wesentliche Merkmale mit dem Hauptanspruch gemein haben.[10] Die Unteransprüche stellen besondere Ausführungsformen der Erfindung

---

[4] Artikel 4 Absatz 1 Pariser Verbandsübereinkunft zum Schutz des gewerblichen Eigentums (PVÜ).

[5] § 9 Satz 2 Patentgesetz.

[6] § 35 Absatz 1 Patentgesetz.

[7] § 7 Absatz 1 Gebrauchsmustergesetz.

[8] § 14 Satz 1 Patentgesetz.

[9] § 9 Absatz 4 Patentverordnung.

[10] § 9 Absatz 5 Satz 1 Patentverordnung; § 34 Absatz 5 Patentgesetz.

dar und sind auf den Hauptanspruch oder einen nebengeordneten Anspruch rückbezogen.[11] Der Hauptanspruch und die nebengeordneten Ansprüche werden als unabhängige Ansprüche und die Unteransprüche als abhängige Ansprüche bezeichnet.

1.6 Zeichnungen

Mit Zeichnungen können die besonderen Ausführungsformen einer Erfindung in unterschiedlichen Perspektiven, insbesondere Draufsicht, Seitenansicht, Querschnitt, Längsschnitt und perspektivischer Sicht, dargestellt werden. Patentzeichnungen müssen besondere Formerfordernisse erfüllen.[12]

1.7 Beschreibung

Die Beschreibung einer Patentanmeldung dient insbesondere der Erläuterung der in den Zeichnungen dargestellten Ausführungsformen. In der Beschreibung werden die einzelnen Elemente der Ausführungsformen und deren Zusammenwirken zum Erreichen des erfinderischen Effekts dargelegt.[13]

1.8 Zusammenfassung

Die Zusammenfassung der Patentschrift dient ausschließlich der Information der Öffentlichkeit. In der Zusammenfassung werden die wesentlichen Merkmale der Erfindung beschrieben.[14]

[11] § 9 Absatz 6 Satz 1 Patentverordnung.

[12] § 12 Patentverordnung.

[13] § 10 Patentverordnung.

[14] § 36 Absatz 2 Patentgesetz.

Fahrrad

2

Ein Fahrrad ist ein einspuriges Fahrzeug mit zwei Rädern, das durch Muskelkraft und/oder durch einen Elektroantrieb angetrieben wird. Die Entwicklung zum modernen Fahrrad ist von Irrwegen und Misserfolgen gespickt, wie dies für fast jede bedeutende technische Entwicklung gilt.

2.1 Laufrad

Das Laufrad wird nach ihrem Erfinder Karl von Drais alternativ als „Draisine" bezeichnet. Bei dem Laufrad handelt es sich um ein einspuriges Fahrzeug ohne Pedale, das durch Abstoßen mit den Füßen nach vorne bewegt wird.[1] Das Laufrad stellt eine Vorstufe zum modernen Fahrrad dar. Eine größere Verbreitung, außer als Ausführungsform für Kleinkinder, blieb dem Laufrad verwehrt.

2.2 Hochrad

Das Hochrad ist ein Fahrrad mit zwei Rädern, die einen unterschiedlichen Durchmesser aufweisen. An dem Rad mit großem Durchmesser sind die Pedale direkt zum Antrieb montiert. Der Radfahrer „saß" auf dem Rad mit dem großen Durchmesser, sodass sich der Radfahrer sehr hoch über der Oberfläche befand.[2]

---

[1] Wikipedia, https://de.wikipedia.org/wiki/Draisine_(Laufmaschine)#Kinderlaufrad, abgerufen am 19.3.2025.

[2] Wikipedia, https://de.wikipedia.org/wiki/Hochrad, abgerufen am 19.3.2025.

T. H. Meitinger, *Tops und Flops. Hightech in Patenten*,
https://doi.org/10.1007/978-3-662-71855-1_2

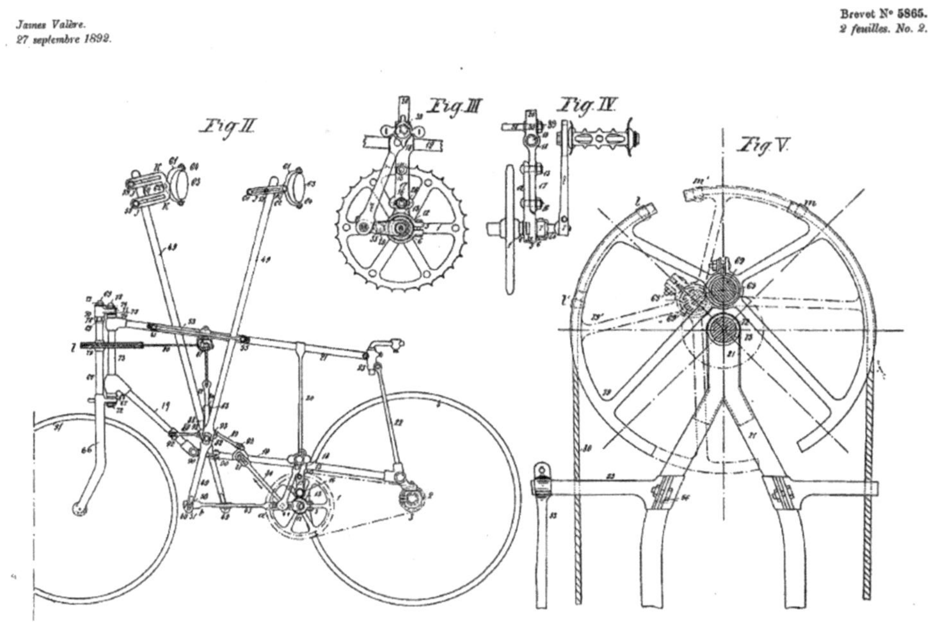

Abb. 2.1 Fig. II bis V der CH5865A (DPMA, https://depatisnet.dpma.de/DepatisNet/depatisnet?action=pdf&docid=CH000000005865A&xxxfull=1, abgerufen am 19.3.2025.)

Ein Vorteil des Hochrads war, dass der Radfahrer durch den hohen Sitz auf Augenhöhe mit Reitern war. Ende des 19. Jahrhunderts, als das Pferd noch ein gebräuchliches Fortbewegungsmittel war, stellte dies einen wichtigen Vorteil dar.

Dem Hochrad war kein dauerhafter Erfolg beschieden. Die Nachteile des Hochrads waren zu gravierend. Durch den hohen Sitz war die Verletzungsgefahr beim Sturz groß. Außerdem war das Auf- und Absteigen schwierig. Zu allem Überfluss war das Fahren des Hochrads anstrengend, da das Vorderrad direkt angetrieben und gleichzeitig gelenkt werden musste. Ein ständiges, kräftezehrendes Gegensteuern war erforderlich. Es ist nicht verwunderlich, dass das Hochrad fast ausschließlich bei jungen Männern Anklang fand und sich nie auf breiter Front durchsetzen konnte.[3]

2.3 Fahrrad mit Hand- und Fußantrieb

Die Schweizer Patentschrift CH 5865 A, die am 27. September 1892 beim Patentamt eingereicht wurde, zeigt ein Fahrrad mit einem Hand- und einem Fußantrieb.

[3] Wikipedia, https://de.wikipedia.org/wiki/Hochrad, abgerufen am 25.5.2025.

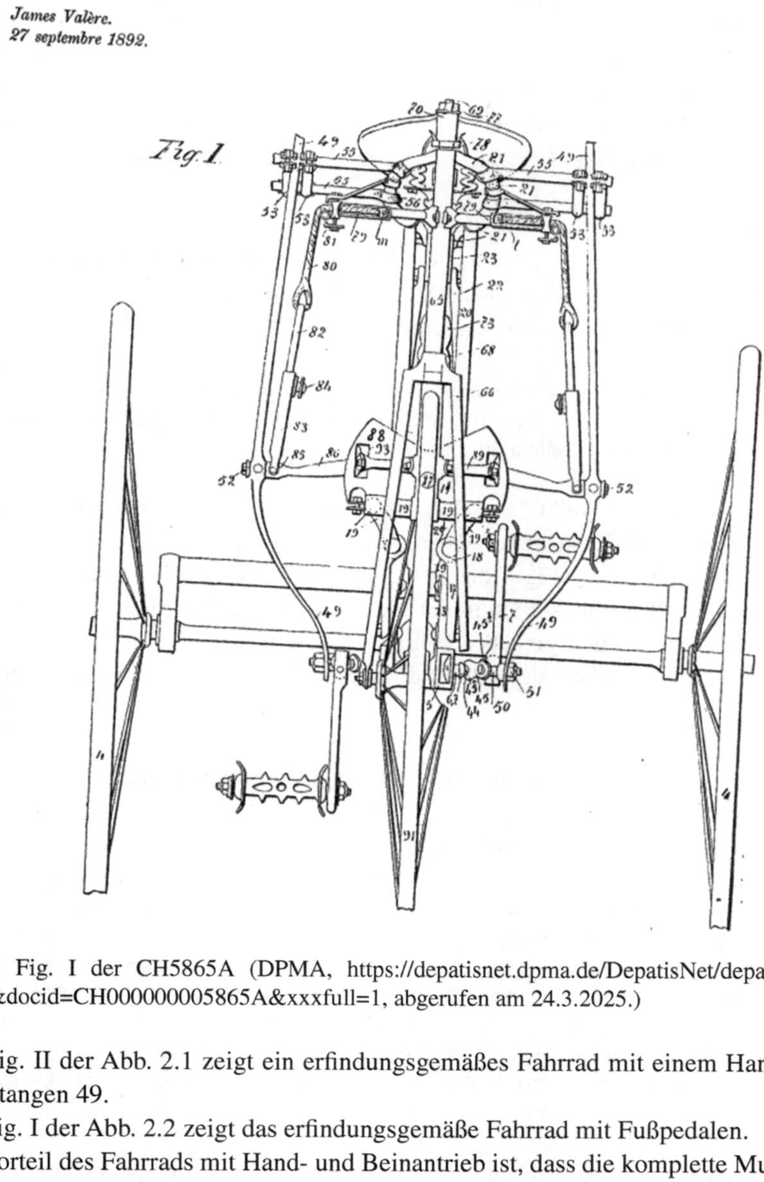

Abb. 2.2 Fig. I der CH5865A (DPMA, https://depatisnet.dpma.de/DepatisNet/depatisnet?action=pdf&docid=CH000000005865A&xxxfull=1, abgerufen am 24.3.2025.)

Die Fig. II der Abb. 2.1 zeigt ein erfindungsgemäßes Fahrrad mit einem Handantrieb mittels Stangen 49.

Die Fig. I der Abb. 2.2 zeigt das erfindungsgemäße Fahrrad mit Fußpedalen.

Der Vorteil des Fahrrads mit Hand- und Beinantrieb ist, dass die komplette Muskulatur trainiert wird. Nachteilig ist, dass diese Fahrräder technisch kompliziert sind und daher eine ständige Wartung erfordern. Außerdem muss das Fahrrad auf den jeweiligen Fahrer angepasst werden. Die technische Komplexität steht daher einem Markterfolg im Weg.[4]

[4] Varibike GmbH, https://www.varibike.com/about, abgerufen am 25.5.2025.

2.4 Elektrofahrrad

Im Jahr 1900 waren ungefähr 38 % der Automobile Elektrofahrzeuge.[5] Es wundert daher nicht, dass sich bereits am Ende des 19. Jahrhunderts eine eifrige Entwicklungstätigkeit bezüglich dem Antrieb eines Fahrrads mit einem Elektromotor einstellte.

Ogden Bolton Jr.
Ogden Bolton Jr. war der erste, der sich ein Elektrofahrrad patentieren ließ. In seinem Patent US 552271, das am 31. Dezember 1895 erteilt wurde, wird im Hauptanspruch das erfindungsgemäße Elektrofahrrad beschrieben:

> „1. An inclosing ring, to which the inner ends of the spokes are secured, combined with the side plates which are secured to the ring at their outer edges, and which protect the operating parts from dust and dirt, substantially as shown."[6]

Der Hauptanspruch beschreibt den Schutz des Elektromotors vor Verschmutzung, um die Funktionsfähigkeit des Elektrofahrrads zu erhalten.

Die Abb. 2.3 zeigt in der Fig. 1 das erfindungsgemäße Fahrrad mit dem Rahmen Z, an dem eine Batterie X angehängt ist. In der Fig. 5 der Abb. 2.2 wird ein Querschnitt durch das Hinterrad des erfindungsgemäßen Fahrrads gezeigt.

Die Abb. 2.4 zeigt einen Längsschnitt durch das Hinterrad mit dem Elektromotor P.

Hosea W. Libbey
Hosea Libbey beschreibt in seinem Patent US 596272, das am 28. Dezember 1897 erteilt wurde, ein Elektrofahrrad.

Der einzige Anspruch des Patents lautet:

> „In a bicycle, the combination, with a frame, of an electric battery and motor thereon, said motor comprising a series of straight, parallel, central, permanent field-magnets having their poles arranged alternately with each other, a shaft having its axis concentric with the magnets, a plate upon the shaft on each side of the magnets, a series of armatures for each plate, each series of armatures consisting of a pair of horseshoe-magnets passed through and insulated from the plates, a coil upon the inner end of each of the horseshoe-magnets, a commutator for each series of armatures, the brush of each of which engages with the central magnets, and means for transmitting the motion of the motor to the driving-wheel, substantially as set forth."

Der Anspruch beschreibt im Detail den Aufbau des Elektromotors. Insbesondere wird erläutert, wie der Elektromotor für den Antrieb des Fahrrads sorgt.

---

[5] Meitinger, Mitteilungen der deutschen Patentanwälte, 114. Jahrgang, April 2023, S. 163.

[6] DPMA, https://depatisnet.dpma.de/DepatisNet/depatisnet?action=pdf&docid=US000000552271A&xxxfull=1, abgerufen am 20.3.2025.

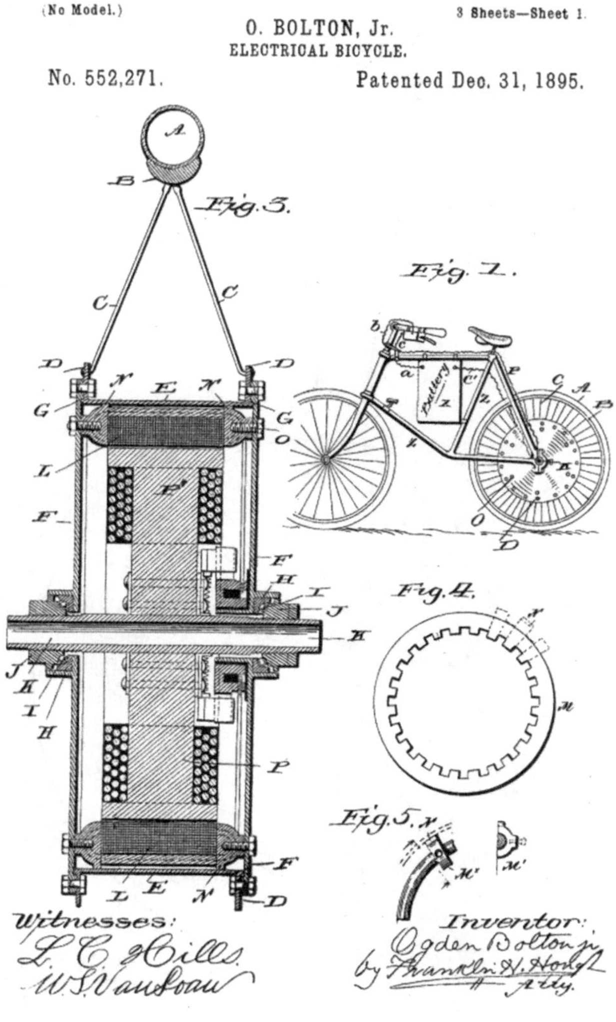

Abb. 2.3 Fig. 1 bis 5 der US552271 (DPMA, https://depatisnet.dpma.de/DepatisNet/depatisnet?action=pdf&docid=US000000552271A&xxxfull=1, abgerufen am 20.3.2025.)

In der Abb. 2.5 ist der Elektromotor in den Figuren 3, 4 und 5 in Schnittdarstellungen und in einer Seitenansicht dargestellt. In der Fig. 1 ist der Elektromotor mit Kurbelstangen gezeigt, wobei der Elektromotor von einem Rahmen C gehalten wird.

John Schnepf

John Schnepf beschreibt in seinem Patent US 627066, das am 13. Juni 1899 erteilt wurde, einen Elektroantrieb für das Hinterrad eines Fahrrads.

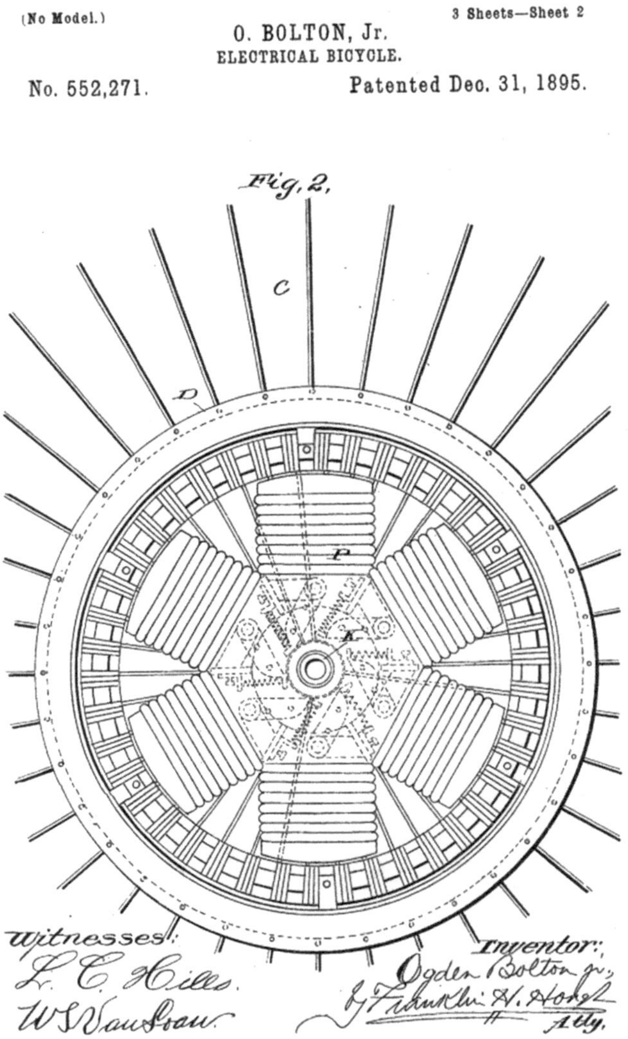

Abb. 2.4 Fig. 2 der US552271 (DPMA, https://depatisnet.dpma.de/DepatisNet/depatisnet?action=pdf&docid=US000000552271A&xxxfull=1, abgerufen am 20.3.2025.)

Der Hauptanspruch des Patents lautet:

„In a device of the character described in combination a vehicle having a frame and a front and rear wheel, a support attached to said frame and extending over said rear wheel, a motor carried by said support having a pulley driven by said motor and frictionally engaging said rear wheel, means forming a part of support whereby the same and said motor may be vertically adjusted so as to press said pulley firmly against said wheel, said motor located at one side of the point of attachment of said support to said vehicle and automatically bearing its

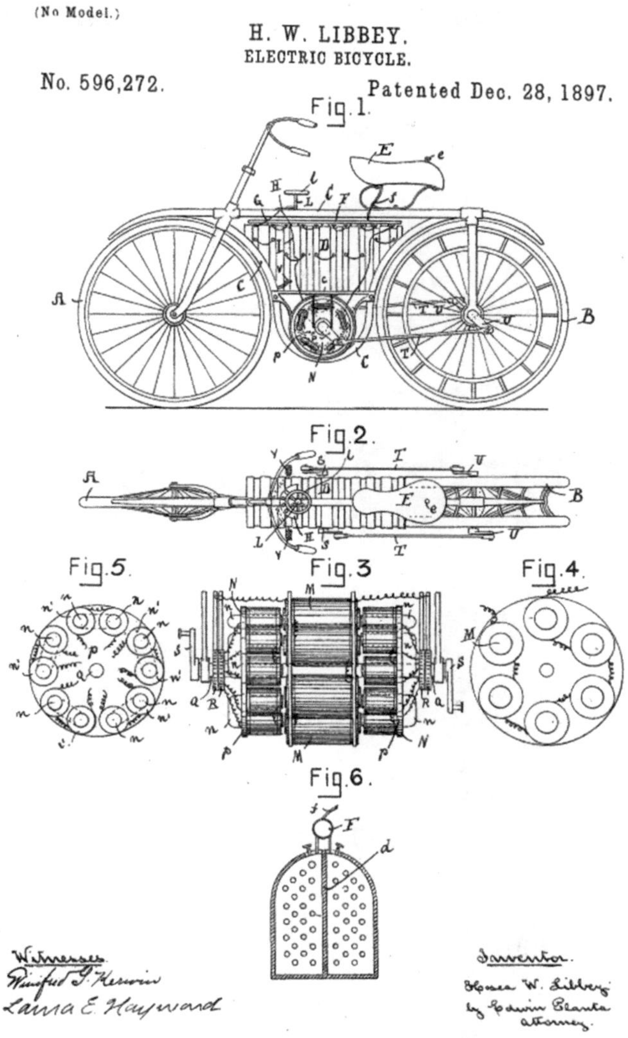

Abb. 2.5 Fig. 1 bis 6 der US596272 (DPMA, https://depatisnet.dpma.de/DepatisNet/depatisnet?action=pdf&docid=US000000596272A&xxxfull=1, abgerufen am 20.3.2025.)

> weight, when said pulley is pressed against said wheel, upon mid pulley to increase the friction between it and said wheel."[7]

In dem Hauptanspruch wird beschrieben, dass ein Elektromotor eine Rolle antreibt, die auf das Hinterrad gepresst wird und damit das Fahrrad antreibt. Insbesondere soll der

[7] DPMA, https://depatisnet.dpma.de/DepatisNet/depatisnet?action=pdf&docid=US000000627066A&xxxfull=1, abgerufen am 24.3.2025.

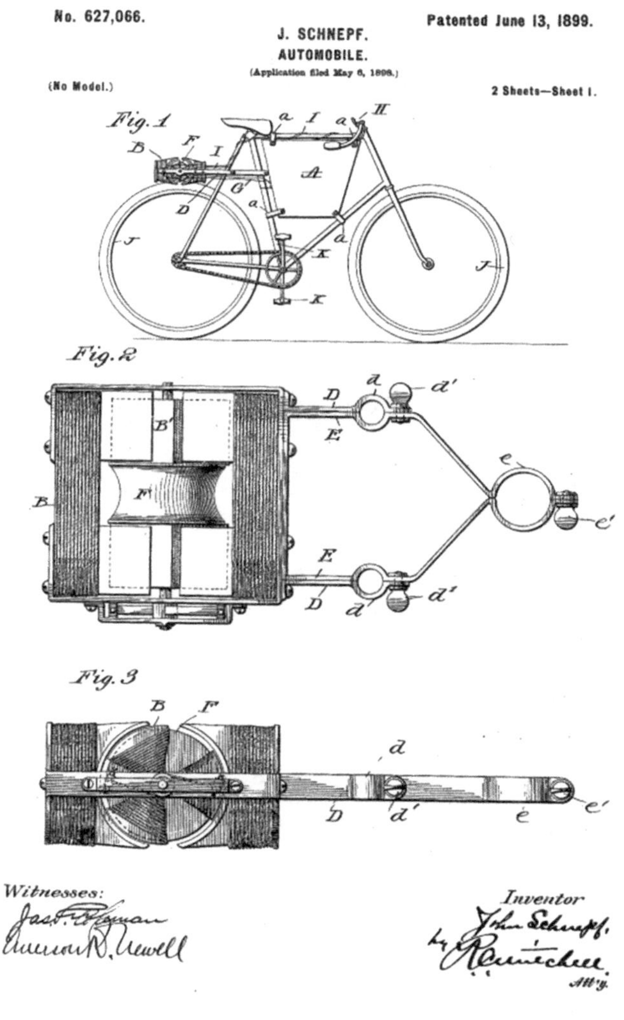

Abb. 2.6 Fig. 1 bis 3 der US627066 (DPMA, https://depatisnet.dpma.de/DepatisNet/depatisnet?action=pdf&docid=US000000627066A&xxxfull=1, abgerufen am 20.3.2025.)

Elektromotor derart angeordnet werden, dass sein Gewicht die Rolle auf das Hinterrad drückt, sodass sich eine reibschlüssige Verbindung ergibt.

Die Abb. 2.6 zeigt in der Fig. 1 das erfindungsgemäße Elektrofahrrad mit einem Elektromotor B, dessen Läufer F auf das Hinterrad gepresst wird und es damit antreibt. Der Elektromotor B wird von der Batterie A mit elektrischer Energie versorgt. In der Fig. 2 der Abb. 2.6 ist der Elektromotor B in einer Draufsicht dargestellt. In der Fig. 3 ist ein Längsschnitt gezeigt, sodass der Aufbau des Elektromotors B mit dem Läufer F erkennbar ist.

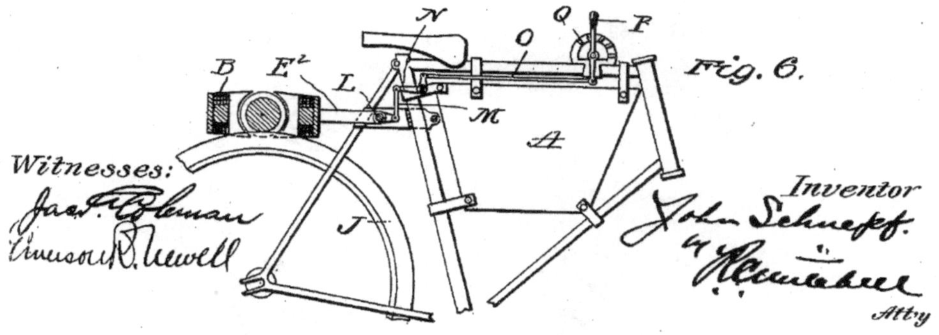

Abb. 2.7 Fig. 6 der US627066 (DPMA, https://depatisnet.dpma.de/DepatisNet/depatisnet?action=pdf&docid=US000000627066A&xxxfull=1, abgerufen am 24.3.2025.)

Die Abb. 2.7 zeigt den Elektromotor B, der mit seinem Gewicht auf das Hinterrad J drückt, sodass eine große Reibung zwischen dem Läufer F und dem Hinterrad J entsteht und das Hinterrad J angetrieben werden kann.

Garfield A. Wood Jr.

Garfield Wood Jr. beschreibt in seinem Patent US 3431994, das am 11. März 1969 erteilt wurde, ein Elektrofahrrad, das ein Getriebe aufweist.

Der Hauptanspruch des Patents lautet:

> „1. In combination with a cycle having a DC power supply and at least two wheels, a drive assembly electrically connected to said power supply and mounted adjacent to one of said wheels, said drive assembly comprising a plurality of DC subfractional horsepower permanent magnet motors, a friction drive wheel adapted to be frictionally engaged with said one wheel, a drive gear drivingly connected to said friction drive wheel, and gear means drivingly connecting said motors to said gear, said gear means including a gear drivingly connected to the output shaft of each of said motors."[8]

Der Anspruch beschreibt, dass ein Gleichstrommotor von einer Stromversorgung gespeist wird, wobei der Elektromotor ein Reibungsantriebsrad antreibt, das mit einem Rad des Fahrrads reibschlüssig verbunden ist. Insbesondere wird ein Getriebe beschrieben, das zwischen dem Elektromotor und dem angetriebenen Rad angeordnet ist und die Last durch das Antreiben des Fahrrads an das Leistungsvermögen des Elektromotors anpasst.

Die Abb. 2.8 zeigt eine Antriebsbaugruppe 12, die an dem vorderen Schutzblech 18 angeordnet ist. Die Batterie ist in dem Behälter 14 enthalten.

In der Fig. 3 der Abb. 2.8 ist ein Querschnitt mit dem Vorderrad 16 dargestellt, das von einem Reibrad 82 angetrieben ist. Die Fig. 2 und 4 zeigen, dass das Reibrad 82 durch Federn 110, deren Spannung mittels dem Steller 118 geändert werden kann, auf das Vorderrad

[8] DPMA, https://depatisnet.dpma.de/DepatisNet/depatisnet?action=pdf&docid=US000003431994A&xxxfull=1, abgerufen am 25.3.2025.

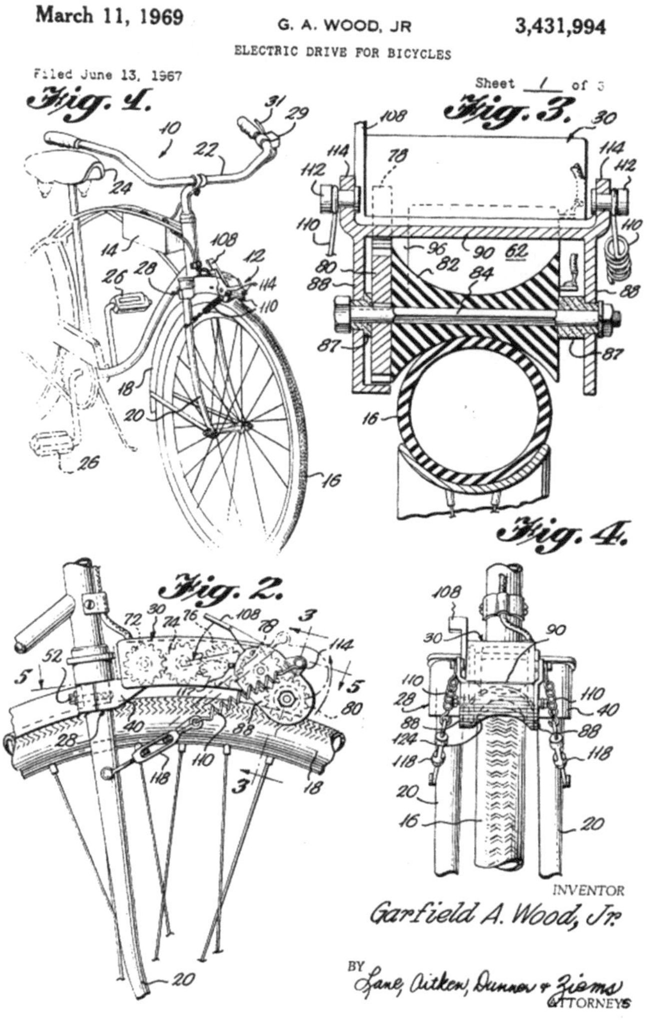

Abb. 2.8 Fig. 1 bis 4 der US3431994 (DPMA, https://depatisnet.dpma.de/DepatisNet/depatisnet?action=pdf&docid=US000003431994A&xxxfull=1, abgerufen am 20.3.2025.)

gepresst werden. Zwischen dem Reibrad 82 und dem Elektromotor sind mehrere Zahnräder angeordnet, die als Getriebe genutzt werden.

Das Elektrofahrrad ist zum Erfolg geworden. Allerdings erst seit den letzten Jahren. In Deutschland waren 2024 von den ca. 2 Mio. verkauften Fahrrädern mehr als die Hälfte

Elektrofahrräder.[9] Der Erfolg des Elektrofahrrads hat jedoch nicht nur mit der verbesserten Technik, sondern insbesondere mit geänderten Auffassungen in der Gesellschaft zu tun. In diesem Zusammenhang können Begriffe wie „Umweltbewusstsein“ und „nachhaltige Mobilität“ genannt werden. Außerdem werden staatliche Förderungen und attraktive „Dienstrad“-Angebote der Unternehmen für ihre Mitarbeiter wahrgenommen. Der Erfolg des Elektrofahrrads ergab sich daher auch aus geänderten Ansichten breiter Gesellschaftsschichten.[10]

[9] EBike24, https://www.elektrofahrrad24.de/blog/e-bike-verkauf-ziv-2024, abgerufen am 24.5.2025; Caschys Blog, https://stadt-bremerhaven.de/e-bikes-behaupten-sich-marktanteil-bleibt-stabil-bei-53-prozent/, abgerufen am 24.5.2025; Allgemeiner deutscher Fahrradclub, https://www.adfc.de/neuigkeit/385-mio-fahrraeder-in-2024-verkauft, abgerufen am 24.5.2025.

[10] ZIV die Fahrradindustrie, https://www.ziv-zweirad.de/wp-content/uploads/2025/03/ZIV-Marktdatenpraesentation-2025-fuer-GJ-2024.pdf, abgerufen am 25.5.2025.

3 Vom Ibot Zum Segway

Der „Segway" kam nicht aus dem Nichts. Der Segway hat einen technologischen Vorgänger, den iBot, der als Fortbewegungsmittel für Menschen mit Querschnittslähmung konzipiert war. Der iBot war nicht nur ein simpler elektrischer Rollstuhl, denn er ermöglichte auch das Treppensteigen und eine Unterhaltung mit stehenden Menschen auf Augenhöhe. Hierzu konnte der iBot seinen Sitz hochfahren. Der iBot besaß bereits die wesentlichen Elemente des Segway mit einem Gyroskop und Neigungssensoren, die die Stabilität des Gefährts auch mit nur zwei Rädern sicherstellten.

Der iBot umfasste nur wenige Elemente für eine stabile und sichere Fortbewegung, nämlich nur zwei Räder, einen Gyroskop und Neigungssensoren. Es lag daher nahe, aus dem iBot ein kompaktes Fortbewegungsmittel für den Verkehr in Städten zu konzipieren. Die Idee des Segway war geboren und die Hoffnungen waren groß. Man erwartete ein Milliardengeschäft.[1]

Der Segway wurde der Öffentlichkeit zum ersten Mal im Dezember 2001 vorgestellt. Das Fortbewegungsmittel besaß all die technischen Features, die für einen Markterfolg sprachen. Es bestand aus nur zwei parallel angeordneten Rädern, zwischen denen die Person auf einer Plattform stand. In der Plattform waren alle Bauteile untergebracht, insbesondere der Antrieb der Räder, der Gyroskop und die Neigungssensoren. Eine hochragende Stange bot der Person Halt. Die Steuerung des Segway war intuitiv. Ein Vorbeugen bedeutete „vorwärtsfahren" und ein Zurücklehnen signalisierte dem Segway zu stoppen bzw. nach rückwärts zu fahren. Nach rechts oder links fuhr der Segway, wenn sich die Person entsprechend neigte. Trotzdem floppte der Segway grandios.[2]

---

[1] Wikipedia, https://de.wikipedia.org/wiki/Segway_Personal_Transporter, abgerufen am 24.5.2025.

[2] Weebot, https://www.wee-bot.com/de/blogs/eco-mobilite/qui-fabrique-la-marque-trottinette-segway, abgerufen am 25.5.2025.

T. H. Meitinger, *Tops und Flops. Hightech in Patenten*,
https://doi.org/10.1007/978-3-662-71855-1_3

Der Segway hatte ganz praktische Nachteile, denn er war schwer und unhandlich. Insbesondere stellten die aufkommenden Elektrofahrräder eine starke Konkurrenz dar. Die spätere starke Verbreitung des E-Scooters bedeutete das endgültige wirtschaftliche Ende des Segway. Letzten Endes konnte sich der Segway mit seiner stehenden Fortbewegungsart nicht gegen das gewohnte Fahrrad bzw. den Tretroller mit oder ohne Elektroantrieb durchsetzen.[3]

3.1 iBot

Das Patent US5701965A, das am 30. Dezember 1997 erteilt wurde, beschreibt ein Transportfahrzeug für einen Menschen (Titel der Patentschrift: „Human Transporter").[4]

Der Hauptanspruch des Patents lautet:

> „A device, for transporting a human subject over a surface that may be irregular and may include stairs, the device comprising:

(a) a support for supporting the subject, the support having left and right sides and defining fore-aft and lateral planes;
(b) a plurality of support members on each side of the support, each support member being mounted to permit complete travel around an axis and joined to a discrete ground-contacting component, the ground-contacting component having a point of contact with the surface and occupying only a portion of the entire angular distance around the axis; the support and the support members being parts of an assembly;
(c) a motorized drive arrangement, mounted to the assembly, coupled to the support members, for causing locomotion of the assembly and the subject over the surface; and
(d) a control loop, in which the motorized drive arrangement is included, for dynamically maintaining stability in the fore-aft plane by operation of the motorized drive arrangement so that the net torque experienced by the assembly about the point of contact with the surface, taking into account torques caused by gravity as well as by all other external forces and by the motorized drive, causes a desired acceleration of the assembly."[5]

Der Anspruch beschreibt, dass die Vorrichtung eine Person über unebene Oberflächen und Treppen hinauf- und heruntertransportieren kann. Außerdem wird das Steuerungselement beschrieben, das das Fahrzeug in einer stabilen Lage hält.

Die Abb. 3.1 zeigt das Aufrichten der Person, damit sie sich in Augenhöhe mit stehenden Personen unterhalten kann.

Die Abb. 3.2 zeigt das Treppensteigen mit der erfindungsgemäßen Vorrichtung.

---

[3] Segway Tour, https://www.seg-tour.de/de/cologne/segway, abgerufen am 24.5.2025.

[4] DPMA, https://depatisnet.dpma.de/DepatisNet/depatisnet?action=pdf&docid=US000005701965A&xxxfull=1, abgerufen am 8.4.2025.

[5] DPMA, https://depatisnet.dpma.de/DepatisNet/depatisnet?action=pdf&docid=US000005701965A&xxxfull=1, abgerufen am 26.3.2025.

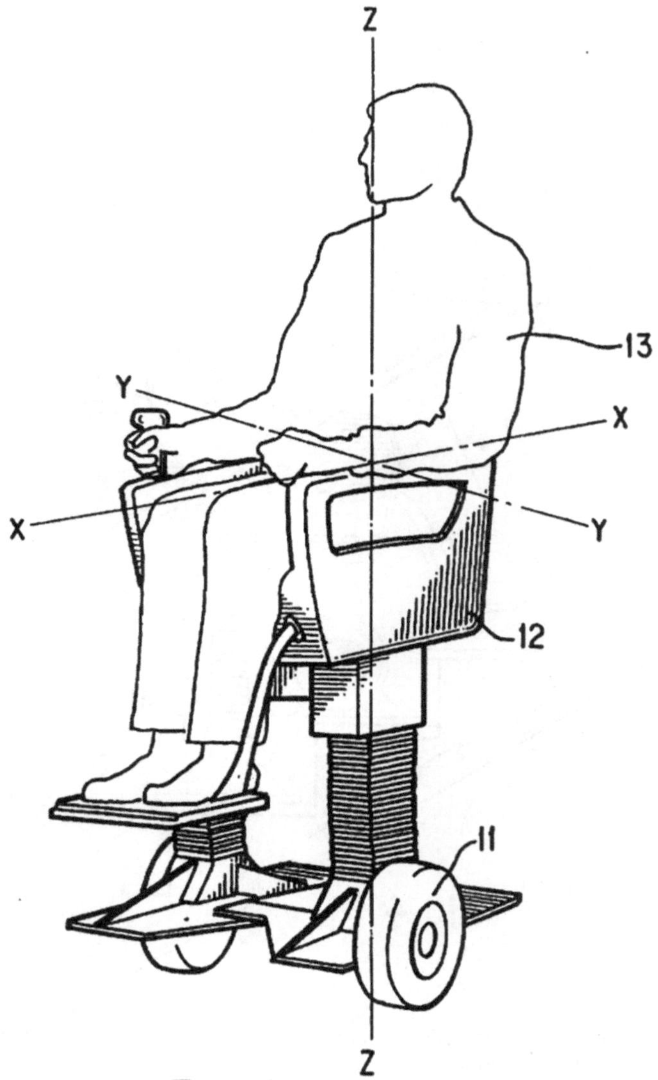

FIG. 1

Abb. 3.1 Fig. 1 der US5701965 (DPMA, https://depatisnet.dpma.de/DepatisNet/depatisnet?action=pdf&docid=US000005701965A&xxxfull=1, abgerufen am 20.3.2025.)

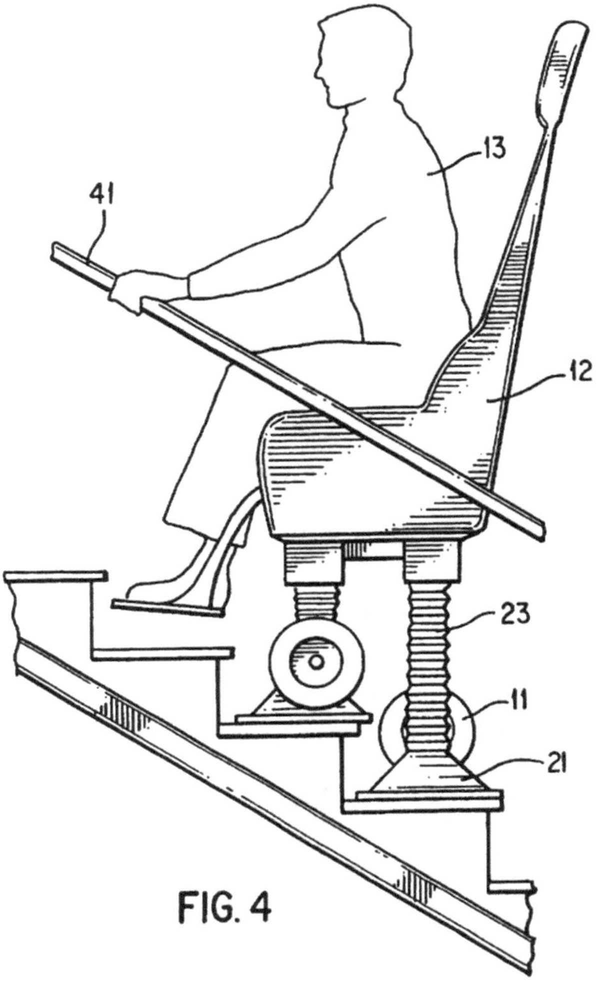

Abb. 3.2 Fig. 4 der US5701965 (DPMA, https://depatisnet.dpma.de/DepatisNet/depatisnet?action=pdf&docid=US000005701965A&xxxfull=1, abgerufen am 20.3.2025.)

3.2 Segway

Ein Segway Personal Transporter[6] weist ein Räderpaar und eine hochaufragende Stange zum Festhalten für den Fahrer auf. Insbesondere ist in einem Segway ein Gyroskop integriert, der ein Kippen oder Umfallen des Segway verhindert. Der Gyroskop bietet eine fixe Ausrichtung im Raum, mit der die konkrete Lage des Segway verglichen werden kann.

[6] Wikipedia, https://de.wikipedia.org/wiki/Segway_Personal_Transporter, abgerufen am 8.4.2025.

Anhand des Gyroskops kann ein Regelkreis sehr genau feststellen, ob der Segway stabil in seiner Lage ist oder ob eine Steuerung erforderlich ist. Die Richtungssteuerung des Segway durch den Fahrer erfolgt durch eine Gewichtsverlagerung des Fahrers nach vorne, nach hinten oder zur Seite.

Der Erfinder des Segway Personal Transporter ist Dean L. Kamen, geboren am 5. April 1951, dessen erste bedeutende Erfindung der „iBot“ war, bei dem es sich um einen Elektrorollstuhl handelt, der das Treppensteigen ermöglicht und die transportierte Person auf Augenhöhe mit stehenden Personen erheben kann. Der iBot hatte bereits nur zwei Räder zur Fortbewegung.

In dem Patent US5971091A, das am 26. Oktober 1999 erteilt wurde, wird ein „früher Segway“ beschrieben, der allerdings noch drei Räderpaare aufweist. Diese Transportvorrichtung kann als Zwischenschritt vom iBot zum Segway verstanden werden.

Der Hauptanspruch des Patents US5971091A lautet:

> „A vehicle, for transporting a human subject over a surface that may be irregular, the vehicle comprising:

(a) a support for supporting the subject, the support having left and right sides and defining fore-aft and lateral planes;
(b) a ground-contacting module, including a pair of ground-contacting members, laterally disposed with respect to one another, movably attached to the support, for suspending the subject in the support over the surface, the support and the ground-contacting module being components of an assembly;
(c) a motorized drive arrangement, mounted to the assembly for causing locomotion of the assembly and the subject over the surface; and
(d) a control loop, in which the motorized drive is included, for dynamically maintaining stability in the fore-aft plane by operation of the motorized drive arrangement so that the net torque experienced by the assembly about the point of contact with the surface, taking into account torques caused by gravity as well as by all other external forces and by the motorized drive, causes a desired acceleration and sustained locomotion of the assembly, such stability being maintained even while the assembly experiences varying forces and accelerations; wherein the control loop is configured so that fore and aft sustained motion of the vehicle is controlled by fore and aft leaning of the vehicle caused by the subject, and in maintaining stability in the fore-aft plane the control loop does not cancel out such leaning under normal conditions of locomotion.“[7]

In dem Anspruch wird die typische Stütze des Segway und das „bodenberührende Modul“ beschrieben, auf dem der Fahrer steht. Das Modul ist motorisiert und enthält einen Regelkreis, der die Stabilität des Fahrzeugs sicherstellt. Außerdem wird die Art der Steuerung des Fahrzeugs durch den Fahrer beansprucht, der durch Vorwärts- und Rückwärtsneigen dem Fahrzeug mitteilen kann, ob es beschleunigen oder stoppen soll.

In der Abb. 3.3 ist die Figur 21 dargestellt, die einen Transporter ohne Sitzmöglichkeit darstellt, sodass diese Ausführungsform als ein alltagstauglicher Roller genutzt werden

[7] DPMA, https://depatisnet.dpma.de/DepatisNet/depatisnet?action=pdf&docid=US000005971091A&xxxfull=1, abgerufen am 26.3.2025.

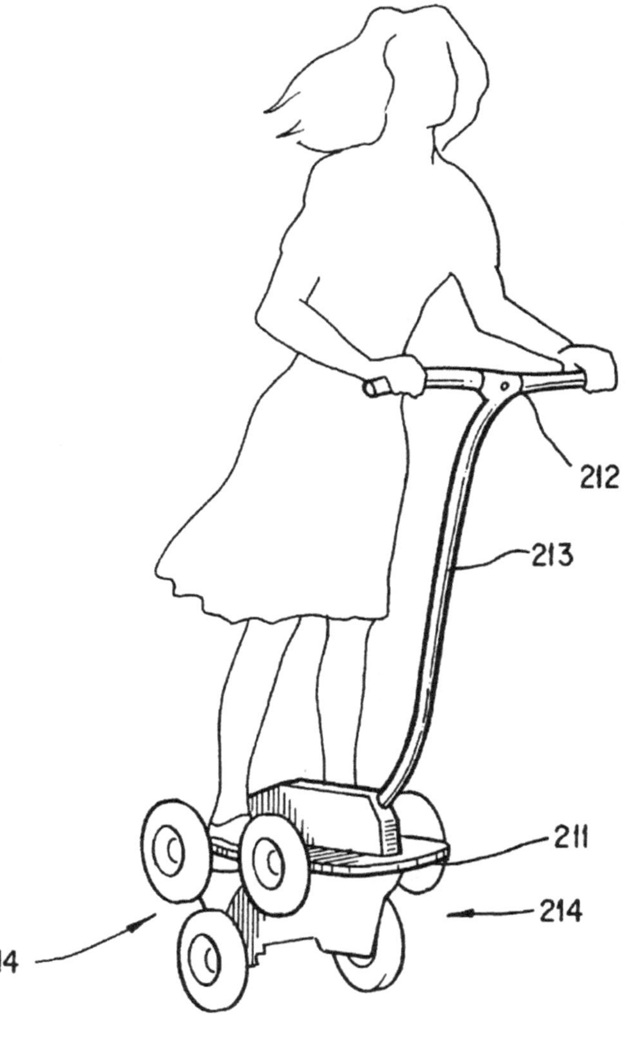

FIG. 21

Abb. 3.3 Fig. 21 der US5971091A (DPMA, https://depatisnet.dpma.de/DepatisNet/depatisnet?action=pdf&docid=US000005971091A&xxxfull=1, abgerufen am 26.3.2025.)

kann. Diese Ausführungsform kann mit einem Joystick an dem Handgriff 212 zur Steuerung versehen sein. Alternativ kann durch eine Neigung des Fahrers dem Fahrzeug die Richtung, eine gewünschte Beschleunigung oder ein Stoppen mitgeteilt werden, sodass ein händisch zu bedienendes Steuerelement entfallen kann.

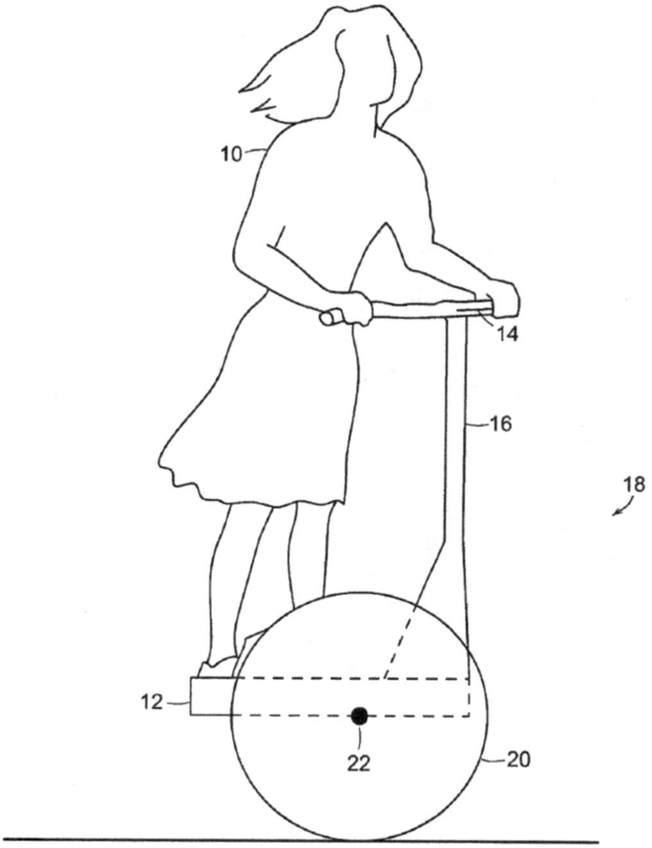

FIG. 1A
PRIOR ART

Abb. 3.4 Fig. 1A der US8170780B2 (DPMA, https://depatisnet.dpma.de/DepatisNet/depatisnet?action=pdf&docid=US000008170780B2&xxxfull=1, abgerufen am 25.3.2025.)

In dem weiteren Patent US 8170780 B2, das am 1. Mai 2012 erteilt wurde, wird schließlich das grundsätzliche Konzept des Segway beschrieben.

Das Patent enthält die Fig. 1A, die in der Abb. 3.4 dargestellt ist, die eine Stützplattform 12 zeigt, auf der die Person 10 stehen kann, wobei sich die Person 10 an dem Griff 14 festhält. Außerdem weist diese Ausführungsform nur noch ein Räderpaar auf.

Der Hauptanspruch des Patents lautet:

> „A vehicle for transporting a payload over a surface, the vehicle comprising: a support for supporting a payload; an enclosure for at least partially enclosing the payload; two laterally disposed ground-contacting elements coupled to at least one of the enclosure or the support;

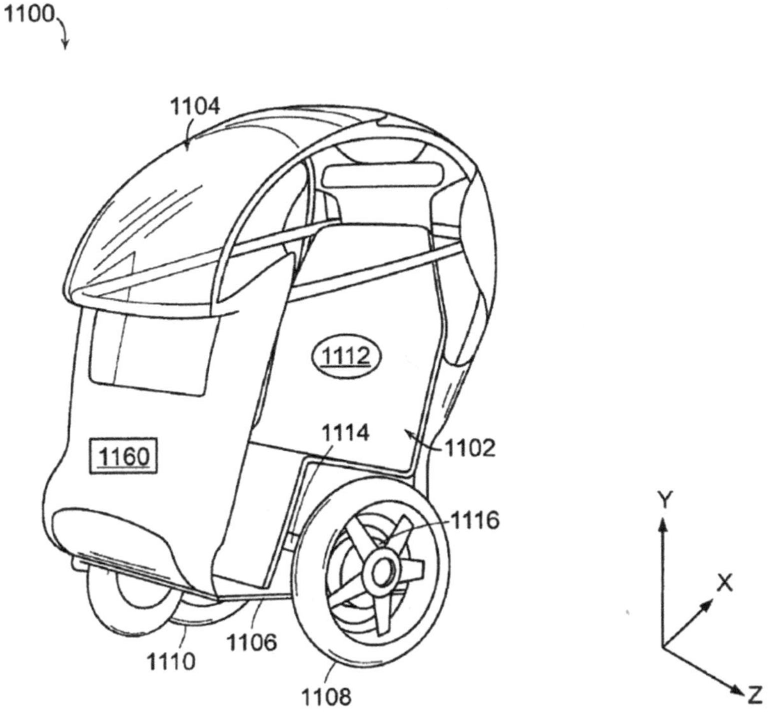

FIG. 9

Abb. 3.5 Fig. 9 der US8170780B2 (DPMA, https://depatisnet.dpma.de/DepatisNet/depatisnet?action=pdf&docid=US000008170780B2&xxxfull=1, abgerufen am 25.3.2025.)

> a drive coupled to the ground-contacting elements; a controller coupled to the drive, for governing the operation of the drive at least in response to position of the center of gravity of the vehicle to dynamically control balancing of the vehicle, wherein the enclosure is coupled to the support and comprising a structure coupling the support and the enclosure to the ground-contacting elements, the structure allows for variation in the position of the center of gravity, and wherein the structure includes rails allowing the enclosure and support to slide with respect to the ground-contacting elements.“[8]

In dem Anspruch wird der Regelkreis und die Aufgabe des Regelkreises beschrieben, der laufend den Schwerpunkt ermittelt und das Fahrzeug entsprechend ansteuert, um ein Kippen zu vermeiden.

[8] DPMA, https://depatisnet.dpma.de/DepatisNet/depatisnet?action=pdf&docid=US000008170780B2&xxxfull=1, abgerufen am 25.3.2025.

Die Abb. 3.5 zeigt ein Fahrzeug 1100 mit einem Sitz 1102, der innerhalb einer Kapsel 1104 angeordnet ist. Das Fahrzeug 1100 weist zwei Räder 1108 und 1110 auf, die auf einer gemeinsamen Achse 1114 befestigt sind und von zumindest einem Antrieb 1116 angetrieben werden. Ein Steuergerät 1160 steuert den Antrieb 1116 je nach der Neigung und der Schwerpunktsverlagerung des Fahrzeugs 1100 in einer Weise, dass ein Transport und eine stabile Lage des Fahrzeugs 1100 sichergestellt wird.

Schiffe

4

Schiffe sind Wasserfahrzeuge, die sich gegenüber Booten durch ihre Größe abgrenzen. Schiffe dienen dem Transport von Personen und Gütern über Flüsse und Meere. In diesem Kapitel wird die Entwicklung des Radars für die Schifffahrt und des Flettner-Rotors beschrieben.

4.1 Radar

Bereits um 1900 erkannte Nikola Tesla, geboren am 10. Juli 1856 und gestorben am 7. Januar 1943, die Möglichkeit der Ortung metallischer Gegenstände mittels reflektierter elektromagnetischer Wellen.[1] Christian Hülsmeyer, geboren am 25. Dezember 1881 und gestorben am 31. Januar 1957, entwickelte auf Basis dieser Erkenntnis ein Verfahren, um entfernte metallische Gegenstände zu erkennen, beispielsweise Schiffe bei schlechter Sicht. Hülsmeyer beschreibt seine Erfindung in dem Patent DE 165546, das am 30. April 1904 erteilt wurde.

Die Abb. 4.1 zeigt in der Fig. 2 die Einrichtung zum Detektieren von Schiffen mit dem Sender l, dessen abgestrahlte elektromagnetische Wellen das fremde Schiff B trifft und diese reflektiert. Die reflektierten Wellen werden von der Antenne o festgestellt. Die Laufzeit der reflektierten Wellen entspricht dem Abstand des Schiffs A zum Schiff B. Die Erfindung von Hülsmeyer war ein wirtschaftlicher Fehlschlag, da geeignete Bauteile zur Signalauswertung, beispielsweise Elektronenröhren, zu dieser Zeit noch nicht zur Verfügung standen.[2]

[1] Wikipedia, https://de.wikipedia.org/wiki/Radar, abgerufen am 21.3.2025.

[2] Wikipedia, https://de.wikipedia.org/wiki/Radar#Entdeckung, abgerufen am 21.3.2025.

T. H. Meitinger, *Tops und Flops. Hightech in Patenten*,
https://doi.org/10.1007/978-3-662-71855-1_4

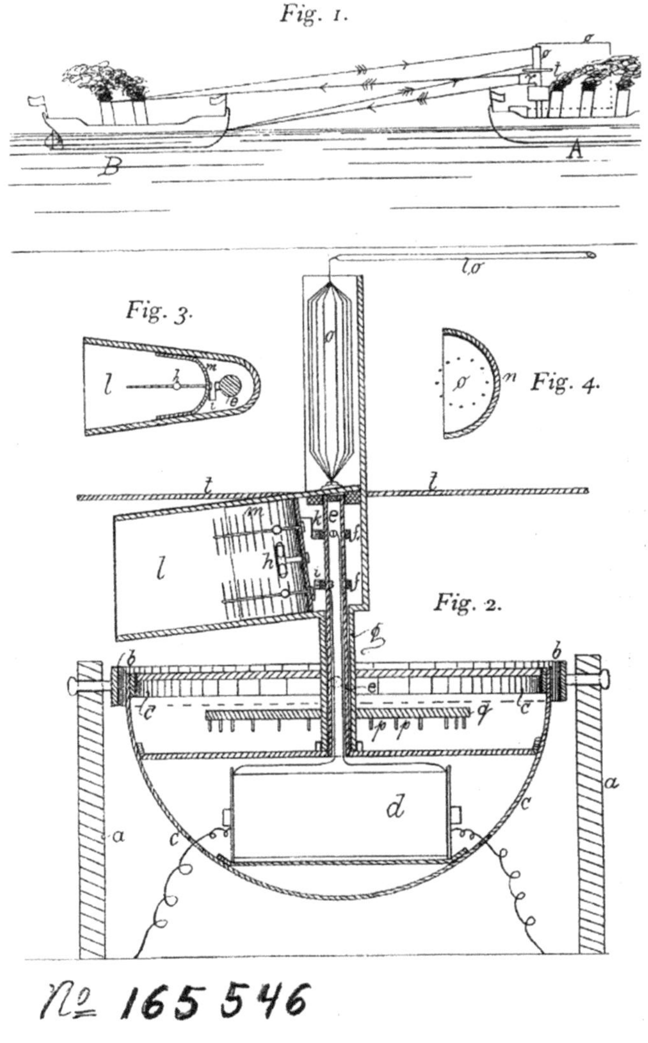

Abb. 4.1 Fig. 1 bis 4 der DE165546 (DPMA, https://depatisnet.dpma.de/DepatisNet/depatisnet?action=pdf&docid=DE000000165546A&xxxfull=1, abgerufen am 21.3.2025.)

Das Radar von Hülsmeyer, Hülsmeyer nannte seine Erfindung Telemobiloskop, wollten weder die Marine noch Reedereien haben.[3] Die Ablehnung war berechtigt. Das Radar von Hülsmeyer war unausgereift und für den praktischen Gebrauch nicht geeignet. Zum einen war das Telemobiloskop schwierig zu bedienen. Außerdem gab es nur Aussagen da-

[3] „Die Admiralität lehnt sein Radargerät ab – Nebelhörner sind besser“: https://heureka-stories.de/1904-das-radar/2-uncategorised/60-das-radar-die-ganze-geschichte.html, abgerufen am 24.5.2025; https://www.radartutorial.eu/04.history/hi86.de.html, abgerufen am 24.5.2025.

rüber, dass sich ein Schiff näherte, aber nicht, wie nahe es war und aus welcher Richtung es sich näherte. Schließlich signalisierte das Telemobiloskop ein sich näherndes metallisches Objekt durch eine Klingel, was auf einem Schiff mit lauten Schiffsmotoren leicht überhört werden konnte. Christian Hülsmeyer gab schließlich seine Erfindung auf und das Radar geriet in Vergessenheit. Erst kurz vor dem Zweiten Weltkrieg wurde dem Militär die Bedeutung der Erfindung bewusst und eine intensive Weiterentwicklung führte zum modernen Radar.[4]

4.2 Flettner-Rotor

Anton Flettner, geboren am 1. November 1885 und gestorben am 25. Dezember 1961, ist der Erfinder des Flettner-Rotors. Ein Flettner-Rotor ist ein rotierender Zylinder, der in einer Windströmung durch den Magnus-Effekt eine Kraft erzeugt. Durch den Magnus-Effekt ergibt sich eine Querkraftwirkung auf den rotierenden Körper, sobald sich der Körper in der Strömung befindet.

Die Abb. 4.2 zeigt das Prinzip des Flettner-Rotors, bei dem sich eine Kraft quer zur Strömung bei einem umströmten Körper ergibt. Der Körper oder die Oberfläche des Körpers muss rotieren, sodass sich durch Sog und Staudruck die Kraft quer zur Strömung ergibt.

Verfahren zum Erzeugen des Quertriebes

Das Patent DE 420840 wurde am 29. Juli 1923 erteilt und trägt den Titel „Verfahren zur Erzeugung des Quertriebes an Quertriebskörpern, z. B. an Segeln von Schiffen".[5]

Der Hauptanspruch des Patents lautet:

> „Antriebsvorrichtung, z. B. für Schiffe, dadurch gekennzeichnet, daß der Antrieb auf Grund von Wirkungen nach Art des Magnuseffektes mittels sich um sich selbst bewegender Flächen erzeugt wird, deren Haut um die Fläche umläuft, und die in der Strömung eines Mediums (z. B. Luft oder Wasser) arbeiten."[6]

Der Anspruch beschreibt, dass für den Antrieb mittels Magnuseffekt ein drehender Körper oder eine Haut eines Körpers, die rotiert, erforderlich ist und dass der Antrieb in einer Luft- oder Wasserströmung möglich ist.

Die Abb. 4.3 zeigt verschiedene Ausführungsformen zur Anwendung des Magnuseffektes. In der Abb. 1 ist eine Strömung um ein Objekt a dargestellt, das ein Segel eines Schiffes oder ein Flügel eines Flugzeugs sein kann. Wird die Oberfläche des Objekts a ent-

[4] Wikipedia, https://de.wikipedia.org/wiki/Radar, abgerufen am 24.5.2025.

[5] DPMA, https://depatisnet.dpma.de/DepatisNet/depatisnet?action=pdf&docid=DE000000420840A&xxxfull=1, abgerufen am 8.4.2025.

[6] DPMA, https://depatisnet.dpma.de/DepatisNet/depatisnet?action=pdf&docid=DE000000420840A&xxxfull=1, abgerufen am 28.3.2025.

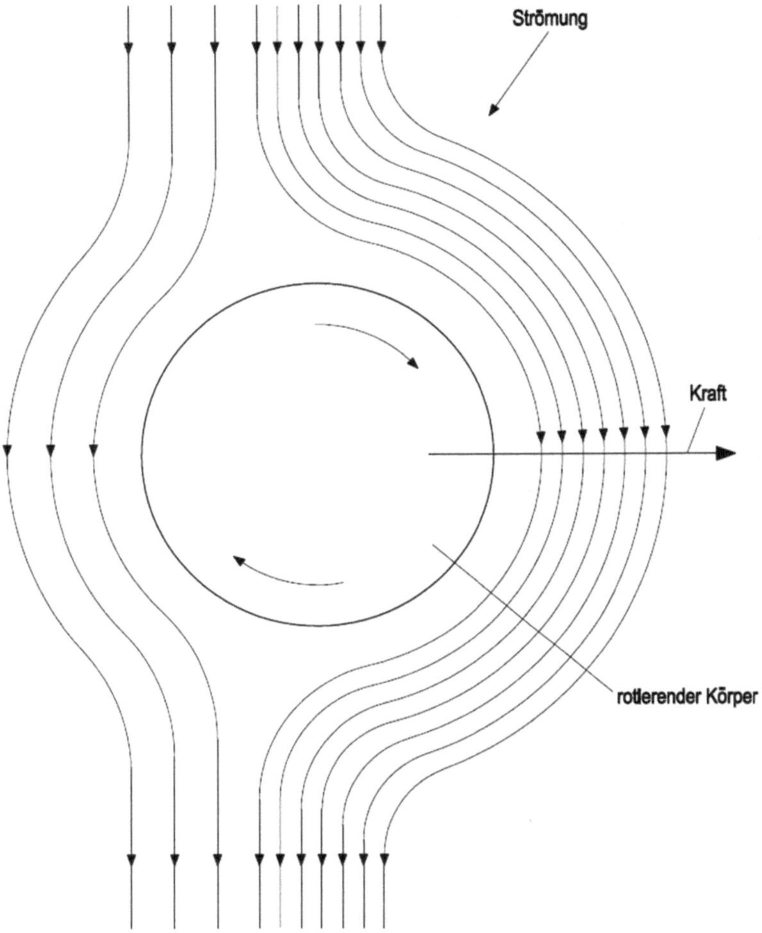

Abb. 4.2 Prinzip des Flettner-Rotors

sprechend der Pfeile in den Linien bewegt, wird sich auf der Oberseite des Objekts a ein Unterdruck und auf der Unterseite ein Überdruck ergeben, sodass das Objekt a einen Antrieb nach oben erfährt.

Die Abb. 2 bis 5 der Abb. 4.3 zeigen unterschiedliche Rollen, die eine Drehbewegung einer aufliegenden Haut um den Körper erzeugen, sodass sich der Magnuseffekt bei einer Umströmung des Objekts einstellt. Die Abb. 6 veranschaulicht, dass sich die Kraft durch den Magnuseffekt senkrecht zur Strömungsrichtung ergibt.

US1674169A

Das Patent US 1674169, das am 19. Juni 1928 erteilt wurde, zeigt für Schiffe konkrete Ausführungsformen des Antriebs durch den Magnuseffekt.

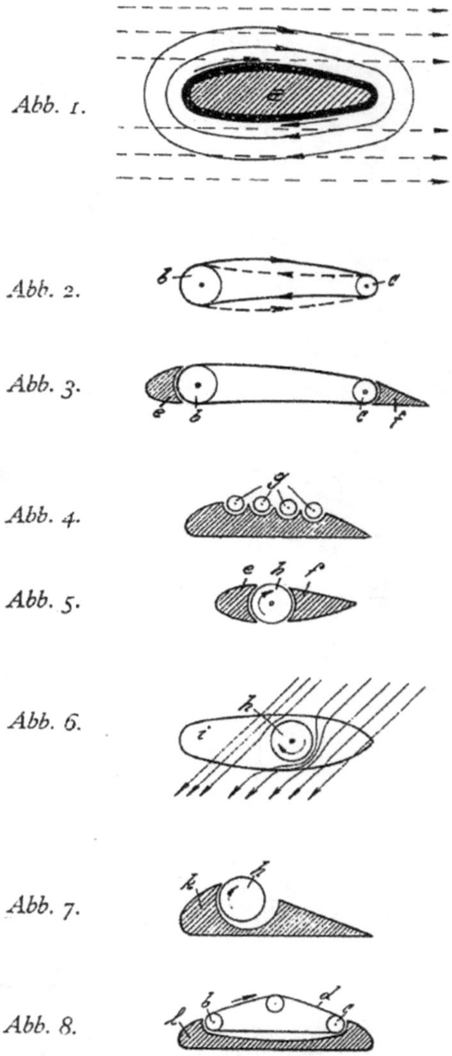

Abb. 4.3 Fig. 1 bis 8 der DE420840 (DPMA, https://depatisnet.dpma.de/DepatisNet/depatisnet?action=pdf&docid=DE000000420840A&xxxfull=1, abgerufen am 21.3.2025.)

Der Hauptanspruch lautet:

„In an arrangement for driving a body by means of the energy of a flowing medium in combination an object for utilizing the energy of flow, an element having a shape suitable to produce the magnus effect carried by said object, means for moving at least the border surface of said

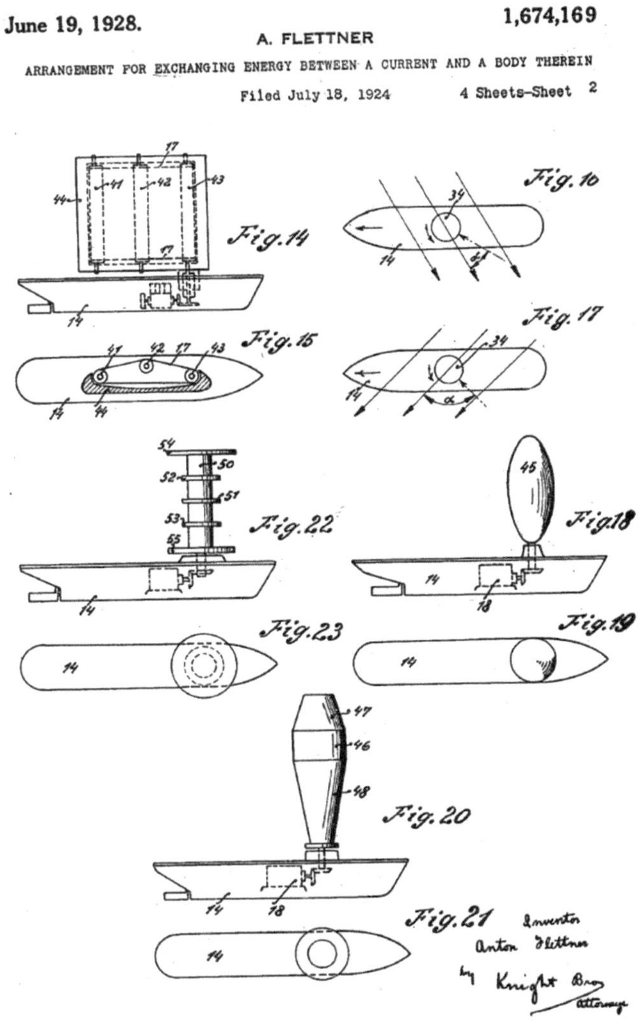

Abb. 4.4 Fig. 14 bis 21 der US1674169 (DPMA, https://depatisnet.dpma.de/DepatisNet/depatisnet?action=pdf&docid=US000001674169A&xxxfull=1, abgerufen am 21.3.2025.)

element within its shape on that side of the element adjacent to the medium and in the direction of flow, on which side, due to the magnus effect, a vacuum is to be produced for pulling said element substantially transverse to the medium flow.“[7]

Der Anspruch beschreibt die Anwendung des Magnuseffekts zum Antreiben eines Körpers, wodurch das Objekt quer zur Medienströmung bewegt wird.

[7] DPMA, https://depatisnet.dpma.de/DepatisNet/depatisnet?action=pdf&docid=US000001674169A&xxxfull=1, abgerufen am 28.3.2025.

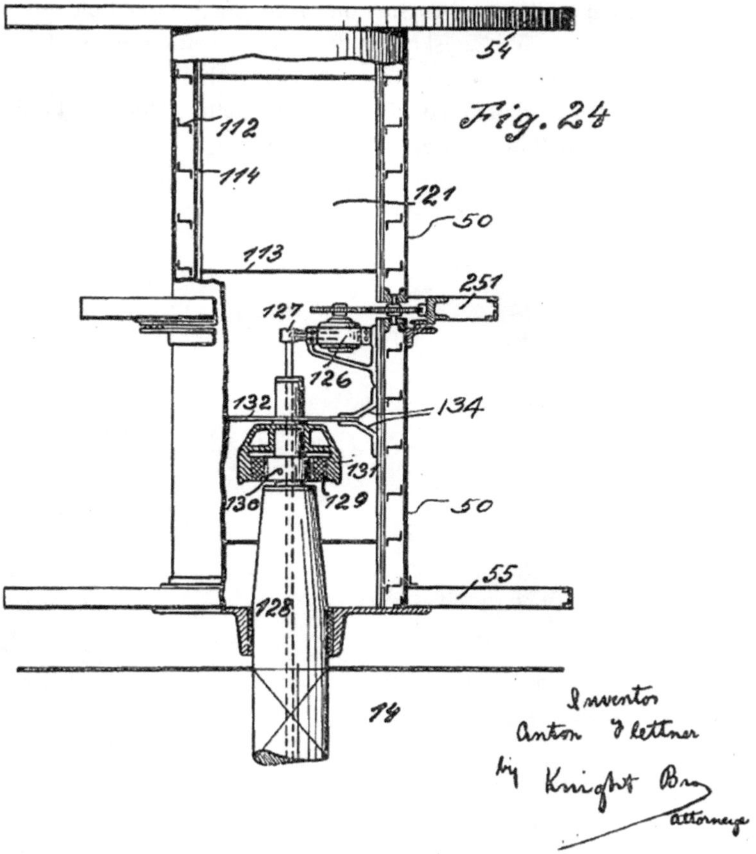

Abb. 4.5 Fig. 24 der US1674169 (DPMA, https://depatisnet.dpma.de/DepatisNet/depatisnet?action=pdf&docid=US000001674169A&xxxfull=1, abgerufen am 21.3.2025.)

Die Abb. 4.4 zeigt in der Fig. 14 ein Schiff mit einem Antriebszylinder, der als Ganzes oder nur dessen Haut rotiert. Der Zylinder kann teleskopartig zusammengeklappt und wieder hochgefahren werden, um unter Brücken hindurchfahren zu können.

In der Abb. 4.4 sind in den Fig. 16 und 17 ein Segelschiff 14 mit einem rotierenden Zylinder 34 gezeigt, wodurch das Segelschiff 14 in der Fig. 16 schräg gegen den Wind und in der Fig. 17 schräg vor dem Wind segeln kann. Die Richtung des Antriebs durch den Magnuseffekt kann durch eine Änderung der Rotationsrichtung des Zylinders 34 beeinflusst werden.

Die Abb. 4.5 zeigt einen Längsschnitt durch einen Zylinder zur Erzeugung eines Antriebs mittels des Magnuseffekts, wobei ein Elektromotor den Zapfen 128 antreibt und damit den Ring 251, der den oberen und den unteren Hohlzylinder 50 zur Rotation bringt. Die obere und die untere Scheibe 54 und 55 sind starr ausgebildet.

Der Flettner-Rotor hat sich nie durchgesetzt. Ein wesentlicher Grund liegt darin, dass er nicht bei Flaute funktioniert. Ein Schiff muss daher immer zusätzlich eine konventionelle

Antriebsart installiert haben. Es ergeben sich daher bei der Verwendung eines Flettner-Rotors Anschaffungs- und Wartungskosten für zwei Antriebsarten. Eine positive Wirtschaftlichkeit des Flettner-Rotors ist daher nur bei sehr hohen Ölpreisen gegeben. Außerdem können sich durch die Rotation des Flettner-Rotors Vibrationen ergeben, die die mechanische Stabilität des Schiffs belasten.[8]

[8] Wikipedia, https://de.wikipedia.org/wiki/Flettner-Rotor, abgerufen am 24.5.2025.

5 Informationstechnik

Die Informationstechnik umfasst die Hard- und Software einer Organisation zur Verwaltung bzw. Produktion und Kommunikation. Heutzutage wird die Informationstechnik von der Mikroelektronik und der Softwaretechnik geprägt. In diesem Kapitel werden die Anfänge des Strichcodes und der Computertechnik mit dem Z1 des Konrad Zuse beschrieben.

5.1 Strichcode

Bernard Silver und Norman Joseph Woodland suchten nach einer Möglichkeit, jede Ware eines Supermarkts eindeutig zu kennzeichnen, sodass durch die Eingabe der Kennzeichnung an der Kasse des Supermarkts die Ware eindeutig erkannt und abgerechnet werden konnte. Die Erfindung von Silver und Woodland ist der Strichcode, der maschinenlesbar ist und eine eindeutige Bestimmung der Waren eines Supermarktes erlaubt.

Der Hauptanspruch des Patents US 2612994 A, das am 20. Oktober 1949 beim Patentamt eingereicht wurde, lautet:

> „1. Apparatus for classifying articles having thereon concentric circular light-reflective outer classification lines and inner auxiliary lines; comprising
>
> means for continuously moving the articles in a straight path past a scanning position;
> scanning means at said position for producing electrical pulses corresponding to said lines;
> means for oscillating said scanning means transversely of said path to effect scanning diametrically of the circular pattern on each article;
> a plurality of normally inoperative electronic classifying devices;

T. H. Meitinger, *Tops und Flops. Hightech in Patenten*,
https://doi.org/10.1007/978-3-662-71855-1_5

electronic means responsive to the pulses corresponding to said auxiliary lines for conditioning said devices for operation; and
means for effecting operation of said devices, by the pulses corresponding to said classification lines, in a pattern corresponding to the pattern of the classification lines on each article.“[1]

In dem Anspruch ihres Patents wird insbesondere die Auswertevorrichtung beschrieben, mit deren Hilfe ein Strichcode ausgelesen werden kann. Der ursprüngliche Strichcode von Silver und Woodland wies konzentrische Ringe statt nebeneinander stehende Striche und Blöcke auf, wie dies heute üblich ist.

Die Fig. 1 der Abb. 5.1 zeigt das Grundprinzip der Kennzeichnung, bei der Leerstellen für eine 1, 2, 3 und 4 vorhanden sind. Fehlt eine Leerstelle, so fällt die Zahl weg. In der Fig. 3 fehlt die Leerstelle für die 4, sodass der Strichcode der Fig. 3 als 123 zu lesen ist. Beispielsweise in der Fig. 8 fehlen die Leerstellen für 2 und 3, sodass der Strichcode als 14 zu identifizieren ist. In der Fig. 9 fehlen die Leerstellen für die 2, 3 und 4, sodass der Strichcode als 1 zu deuten ist.

Die Abb. 5.2 zeigt in der Fig. 11 eine Vorrichtung, mit der eine Ware anhand eines Aufklebers 12 bestimmt wird. Hierzu wird die Ware 11 mit dem Aufkleber nach unten auf ein transparentes Förderband 13 gelegt. Unterhalb des Förderbands 13 sind starke Lichtquellen 14, die den Strichcode anleuchten, sodass ein optisches Element 15 den Strichcode auslesen kann. Kann der Strichcode des Aufklebers 12 gelesen werden, wird die Ware 11 auf der Rutsche 17 zur Warenausgabe befördert. Ist ein Auslesen nicht möglich, wird die Ware 11 mit der Rutsche 19 zurück befördert. In der Fig. 12 ist das Ausleseelement 15 detailliert dargestellt.

Die Erfindung von Silver und Woodland war ein unverkäuflicher Flop. Ihre Auslesevorrichtung war nicht praxistauglich, da sie kompliziert in der Handhabung, fehlerträchtig und reparaturbedürftig war. Kurz vor dem Auslaufen des Patents verkauften Silver und Woodland ihr Patent für einen geringen Betrag. Das Pech von Silver und Woodland war, dass sie ihrer Zeit um wenige Jahrzehnte voraus waren. Erst mit der Erfindung des Laserscanners, der Ende der 60er-Jahre zur Verfügung stand, konnte sich der Strichcode zu einer praxistauglichen Erfindung mausern. Allerdings war zu diesem Zeitpunkt das Patent bereits ausgelaufen.[2]

[1] DPMA, https://depatisnet.dpma.de/DepatisNet/depatisnet?action=pdf&docid=US000002612994A&xxxfull=1, abgerufen am 18.3.2025.

[2] SWR, https://www.swr.de/wissen/jubilaeum-70-jahre-strichcode-100.html, abgerufen am 18.3.2025.

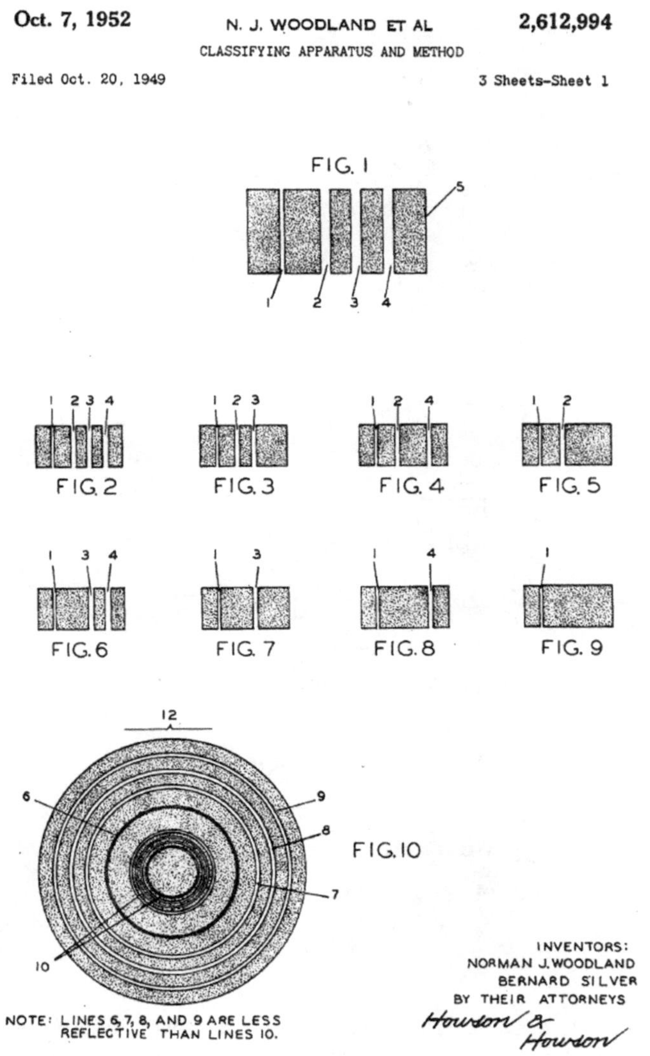

Abb. 5.1 Fig. 1 bis 10 der US2612994 (DPMA, https://depatisnet.dpma.de/DepatisNet/depatisnet?action=pdf&docid=US000002612994A&xxxfull=1, abgerufen am 18.3.2025.)

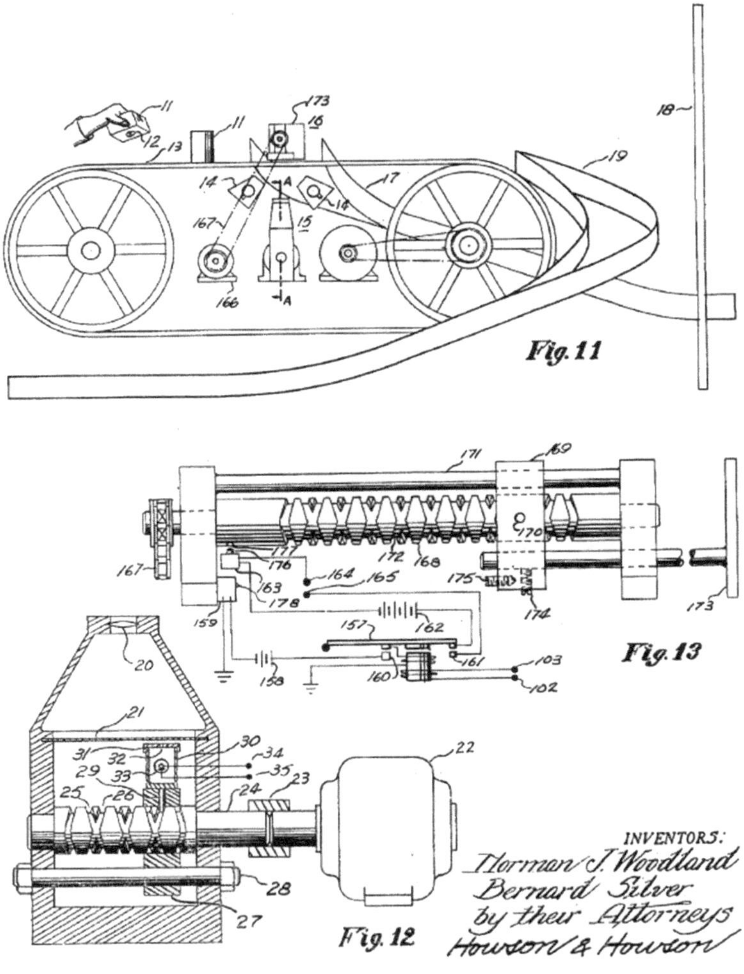

Abb. 5.2 Fig. 11 bis 13 der US2612994 (DPMA, https://depatisnet.dpma.de/DepatisNet/depatisnet?action=pdf&docid=US000002612994A&xxxfull=1, abgerufen am 18.3.2025.)

5.2 Computer

Konrad Ernst Otto Zuse, geboren am 22. Juni 1910 und gestorben am 18. Dezember 1995, baute den ersten programmgesteuerten Rechner Z3 und ist damit der Erfinder des modernen Computers. Konrad Zuse baute seinen ersten Rechner Z1, der noch nicht programmgesteuert war, aus mechanischen Schaltgliedern zusammen, die jedoch nicht zuverlässig funktionierten. Erst durch die Verwendung elektronischer Bauteile, die erst später zur Verfügung standen, konnten zuverlässige und kompakte Rechner hergestellt werden.

In seinem Patent DE 924107, das am 3. Juli 1937 erteilt wurde, beschreibt Zuse ein Speicherwerk seines ersten Rechners Z1 mit mechanischen Speicherelementen.

Der Hauptanspruch lautet:

> „Aus mechanischen Schaltgliedern nach Patent 919017 aufgebaute Vorrichtung zum Speichern von Kombinationen von zweifach variablen Angaben, z. B. von Sekundalzahlen, dadurch gekennzeichnet, daß die Speicherglieder (Sp) in x- und y-Richtung nebeneinander so angeordnet sind, daß in y-Richtung nebeneinanderliegende Speicherglieder je eine zur Speicherung einer Sekundalzahl dienende Zelle bilden und ein gemeinsames Zellenblech (Sp2) haben und die in x-Richtung nebeneinanderliegenden Speicherglieder der gleichen Stelle der Sekundalzahl zugeordnet sind und ein gemeinsames Stellenblech (Sp_3) haben, wobei die Zellenbleche durch ein Wählwerk und die Stellenbleche durch eine Einstell- und Ablesevorrichtung (L, A, E, F, R) gesteuert werden (Abb. I, 4).“[3]

Der Anspruch beschreibt die mechanische Ausbildung des Speicherelements.

Die Abb. 5.3 zeigt in der Abb. 8 die Verbindung von „Steuerblechen“ mittels eines Drahtbügels.

Konrad Zuse war mit seinen Ideen seiner Zeit weit voraus. Sein erster Rechner Z1 arbeitete wegen seiner mechanischen Bauteile nicht zuverlässig. Die mechanischen Bauteile verhackten regelmäßig.[4] Zuse setzte für seine Rechner schließlich elektrische und später elektronische Bauteile ein. Konrad Zuse war seinen Konkurrenten in den USA und in England lange Zeit technologisch überlegen. Er konnte jedoch aufgrund der Zerstörung Deutschlands im Zweiten Weltkrieg seine technologische Führerschaft nicht in einen wirtschaftlichen Erfolg ummünzen.[5]

---

[3] DPMA, https://depatisnet.dpma.de/DepatisNet/depatisnet?action=pdf&docid=DE000000924107B&xxxfull=1, abgerufen am 7.4.2025.

[4] Welt, https://www.welt.de/geschichte/article251292524/Computer-Dieser-Berliner-erfand-die-Maschine-aber-nur-der-eigenen-Faulheit-wegen.html, abgerufen am 24.5.2025.

[5] Wikipedia, https://de.wikipedia.org/wiki/Z1_(Rechner), abgerufen am 24.5.2025.

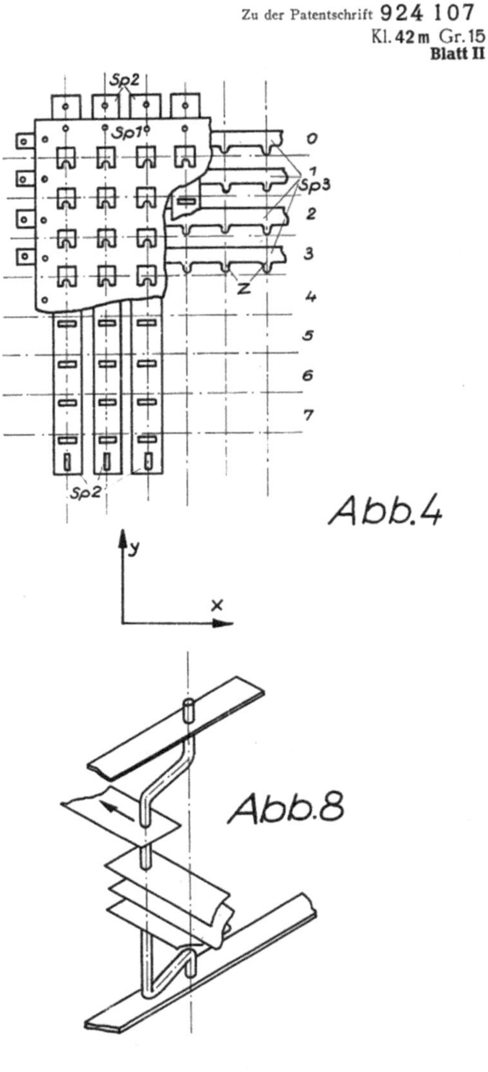

Abb. 5.3 Abb. 4 und 8 der DE924107 (DPMA, https://depatisnet.dpma.de/DepatisNet/depatisnet?action=pdf&docid=DE000000924107B&xxxfull=1, abgerufen am 7.4.2025.)

6 Luftschiffe

Ein Luftschiff ist ein Luftfahrzeug, das seinen Auftrieb durch einen Auftriebskörper erhält, dessen Inhalt leichter als Luft ist. Das Luftschiff ist motorisiert und dadurch lenkbar. Luftschiffe waren die ersten Luftfahrzeuge, die einen regulären Lufttransport von Personen und Gütern ermöglichten.

Luftschiffe erlauben eine nur langsame Fortbewegung und sind turbulenten Windströmungen durch ihren voluminösen Auftriebskörper im besonderen Maße ausgesetzt. Die Entwicklung kompakter leistungsstarker Motoren ermöglichte den Bau ausreichend motorisierter Flugzeuge. Der Konkurrenz leistungsfähiger Flugzeuge, die sehr schnell und zuverlässig ihre Zielorte erreichen, waren die Kolosse der Lüfte nicht gewachsen.[1] Das Bessere führte letzten Endes zum Ende des Guten und die Flugzeuge verdrängten die Luftschiffe. Die Hindenburg-Katastrophe 1937, bei der das riesige deutsche Luftschiff „Hindenburg" in Flammen aufging, markiert den endgültigen Niedergang der Luftschifffahrt. Die Katastrophe führte zu einem weltweiten Vertrauensverlust in die Sicherheit von Luftschiffen und beschleunigte die Ablösung der Luftschiffe durch Flugzeuge.[2] Aus dieser Perspektive kann die Luftschifffahrt als eine Übergangstechnologie angesehen werden, die den Weg für die moderne Luft- und Raumfahrt ebnete.

[1] Deutschlandfunk, https://www.deutschlandfunk.de/renaissance-der-luftschiffe-visionaere-schrauben-am-100.html, abgerufen am 24.5.2025.

[2] Welt, https://www.welt.de/wirtschaft/article153798773/Das-ewige-Schein-Comeback-der-Zeppeline.html, abgerufen am 24.5.2025.

T. H. Meitinger, *Tops und Flops. Hightech in Patenten*,
https://doi.org/10.1007/978-3-662-71855-1_6

6.1 Starrluftschiff

Ernst Georg August Baumgarten, geboren am 21. Januar 1837 und gestorben 23. Juni 1884, war ein bedeutender Pionier der Luftschifffahrt, auf den wesentliche Konstruktionsmerkmale der späteren Zeppeline zurückgehen. Insbesondere entwickelte er eine Steuerungsmöglichkeit, um ein Luftschiff horizontal (rechts, links) und vertikal (oben, unten) zu lenken und einen Auftriebskörper, der aus mehreren Gaszellen, sogenannten Ballonetts, besteht. Außerdem geht auf ihn das Konzept des Starrluftschiffs zurück, das mit einem inneren Skelett aus Trägern und Streben für eine aerodynamische Form des Auftriebskörpers sorgt.[3]

Baumgarten war von Beruf Förster und hatte keine technische oder naturwissenschaftliche Ausbildung genossen. Er verfügte über nur geringe finanzielle Mittel, um seine Experimente durchzuführen. Dennoch gelang es ihm lange vor Ferdinand Graf von Zeppelin ein lenkbares Luftschiff herzustellen.[4]

Fortbewegungs-Apparate für Luft- und Wasserschiffe

Das Patent DE 8392 von Georg Baumgarten mit dem Titel „Fortbewegungs-Apparate für Luft- und Wasserschiffe",[5] das am 18. November 1877 erteilt wurde, beschreibt einen Propeller, im Hauptanspruch als Schiffsschraube bezeichnet, für ein Luftschiff, der die Manövrierfähigkeit sicherstellt.

Die ersten drei Ansprüche des Patents DE 8392 lauten:

> „1. Eine mit beweglichen und stellbaren Triebflächen versehene Schiffsschraube, vom Erfinder Lufttriebrad genannt.
> 2. Flügelapparate, welche vermöge beweglicher Segelrahmen bei ihren Rotationen eine in horizontaler Richtung wirkende Triebkraft erzeugen und zur Fortbewegung des Aerostaten in horizontaler Richtung dienen.
> 3. Wendeflügelapparate, d. h. solche aus zwei einander gegenüberstehenden bezw. drei um die Wellenaxe gleichmäfsig vertheilten Flügeln bestehende Treibapparate, deren einzelne Flügel an der Flügelaxe um 90 ° gegen einander gedreht sind bezw. sich wenden können, und welche durch ihre Rotationen (je nach der Axenstellung) das Luftschiff in horizontaler oder verticaler Richtung forttreiben."[6]

Die Abb. 6.1 zeigt verschiedene Ausführungsformen von Schraubenflügeln für einen Antrieb eines Luftschiffes.

---

[3] Wikipedia, https://de.wikipedia.org/wiki/Georg_Baumgarten_(Luftschiffpionier), abgerufen am 24.5.2025.

[4] Heimatverein Grüna e. V., https://www.gruena-online.de/files/baumgarten_lebenslauf.pdf, abgerufen am 24.5.2025.

[5] DPMA, https://depatisnet.dpma.de/DepatisNet/depatisnet?action=pdf&docid=DE000000008392A&xxxfull=1, abgerufen am 8.4.2025.

[6] DPMA, https://depatisnet.dpma.de/DepatisNet/depatisnet?action=pdf&docid=DE000000008392A&xxxfull=1, abgerufen am 28.3.2025.

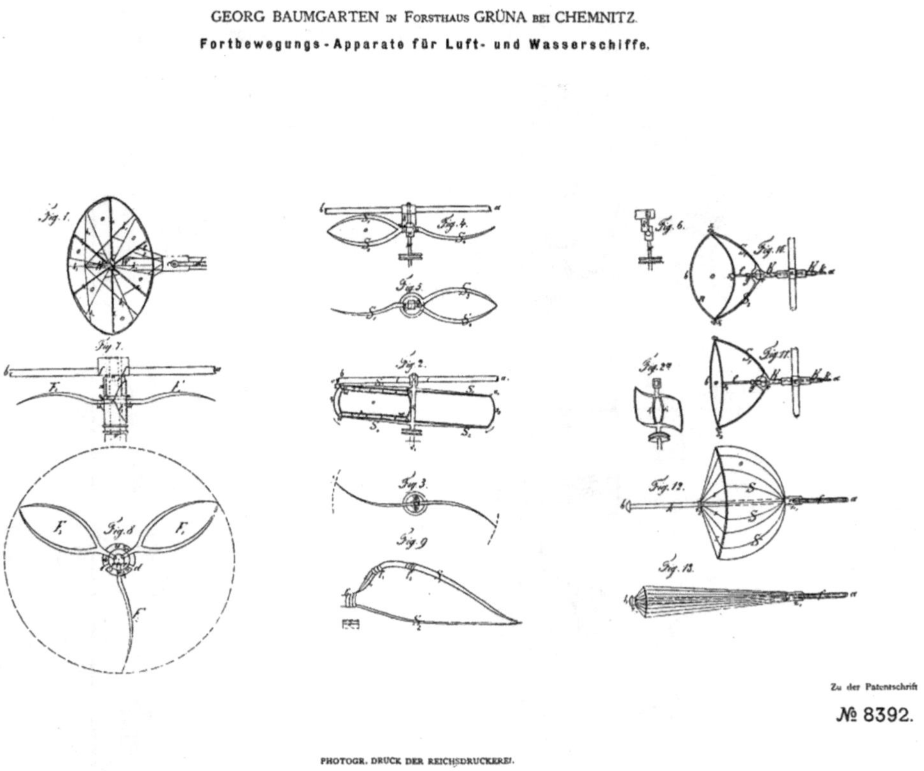

Abb. 6.1 Fig. 1 bis 13 der DE8392 (DPMA, https://depatisnet.dpma.de/DepatisNet/depatisnet?action=pdf&docid=DE000000008392A&xxxfull=1, abgerufen am 22.3.2025.)

Flügelluftschiff mit Lenkvorrichtung

Das Patent DE 9137 von Georg Baumgarten, das am 2. April 1879 erteilt wurde, beschäftigt sich mit einem „Flügelluftschiff mit Lenkvorrichtung"[7] (Titel des Patents), bei dem der Auftriebskörper innerhalb eines starren Schiffskörpers in mehrere Abschnitte unterteilt ist.

Der Hauptanspruch lautet:

> „Die Durchbrechung des länglichen Ballons, welcher entweder aus einem ganzen oder auch aus zwei oder mehreren Ballons zusammengesetzt ist, mittelst der die Gondel haltenden Seile, so dafs eine innige und feste Verbindung zwischen Ballon und Gondel hergestellt wird."[8]

Die Abb. 6.2 zeigt in der Fig. 2, dass der Auftriebskörper aus vier einzelnen Ballons I bis IV zusammengesetzt ist.

[7] DPMA, https://depatisnet.dpma.de/DepatisNet/depatisnet?action=pdf&docid=DE000000009137A&xxxfull=1, abgerufen am 8.4.2025.

[8] DPMA, https://depatisnet.dpma.de/DepatisNet/depatisnet?action=pdf&docid=DE000000009137A&xxxfull=1, abgerufen am 29.3.2025.

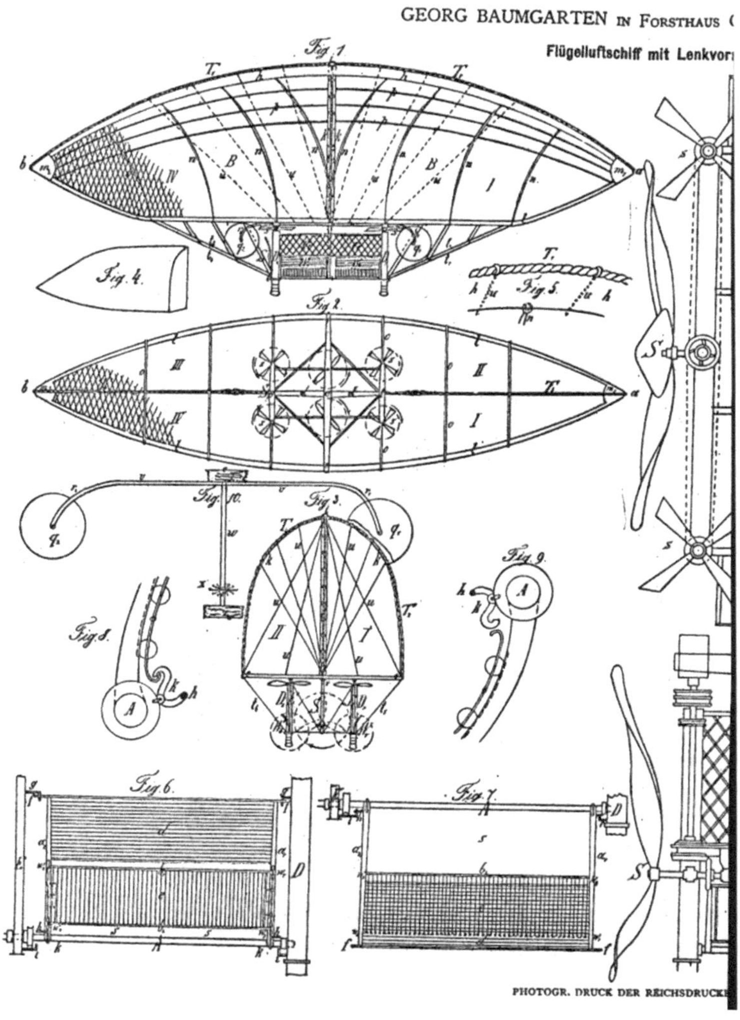

Abb. 6.2 Fig. 1 bis 9 der DE9137 (DPMA, https://depatisnet.dpma.de/DepatisNet/depatisnet?action=pdf&docid=DE000000009137A&xxxfull=1, abgerufen am 22.3.2025.)

6.2 Luftschiffe mit Muskelkraft

Der Antrieb von Luftschiffen mit Muskelkraft machte vielleicht noch im Vergleich zum Betrieb eines Flugzeugs Sinn, da durch die Muskelkraft nur eine Fortbewegung erzielt werden musste. Ein Auftrieb wurde bereits durch die Auftriebskörper sichergestellt. Wäre jedoch auch der Auftrieb durch Muskelkraft zu erbringen, würde es die betreffenden Personen überfordern. Flugzeuge waren daher erst möglich, als leistungsstarke Motoren zur Verfügung standen.

Flugapparat zur Fortbewegung mit Muskelkraft
Das Patent DE 3486, das am 7. Mai 1878 erteilt wurde, zeigt einen Flugapparat mit einem Ballon, der nach vorne zugespitzt und nach hinten verdickt ausgeformt ist. Der Pilot des Luftschiffs befindet sich in einer Panzerung C, wobei die Arme und Beine zur Steuerung des Flugapparats frei beweglich sind. Der Panzer C ist mit dem Gestell B und Stäben D mit dem Ballon verbunden. Der Fliegende kann durch Herabdrücken mit den Armen die Flügel F nach unten drücken, wodurch ein Auftrieb nach oben erzeugt werden soll. Im gleichen Moment soll der Fliegende durch das Anziehen der Beine an den Körper die Flügel G schließen, sodass diese keinen Luftwiderstand gegen die Aufwärtsbewegung erzeugen. Danach soll der Fliegende die Arme nach oben strecken, wodurch die oberen Flügel F geschlossen werden und gleichzeitig die Beine ausstrecken, wodurch die unteren Flügel G geöffnet und nach unten gedrückt werden, sodass die Luft nach unten gepresst wird. Durch diese abwechselnden Bewegungen soll sich der Fliegende nach oben in die Lüfte bewegen können. Der Pilot ist ob der körperlichen Anstrengungen nicht zu beneiden. Es ist zudem unwahrscheinlich, dass seine Bemühungen einen großen Einfluss auf die Bewegungen des Luftschiffs haben, da sich das Luftschiff durch einen hohen Luftwiderstand auszeichnet.

Die Abb. 6.3 zeigt den Fliegenden in seinem Panzer C und bei einer Bewegung, um die oberen Flügel F und die unteren Flügel G abwechselnd zu öffnen und zu schließen.

6.3 Luftballon als freischwebender Aufzug

Das Patent DE 6372, das am 21. Juni 1878 erteilt wurde, beschreibt eine Anordnung eines Luftballons, die das Aufpumpen des Tragkörpers zum Starten und Ablassen der Luft zum Landen vermeiden soll. Reine Luftballons sind strenggenommen keine Luftschiffe, da sie nicht steuerbar sind.

Der Hauptanspruch des Patents lautet:

> „Das aus wenigstens zwei, je nach Willen trennbaren Ballons a und c bestehende Luftfahrzeug, bei welchem der untere Ballon a samt zugehöriger Ladung etwas schwerer gemacht wird, als die von ihm verdrängte Luft, während der obere Ballon c die genügende Kraft besitzt, sowohl das Aufsteigen des unteren Ballons zu bewirken und zu controliren, als auch das Kabel g zu tragen."[9]

Der Anspruch beschreibt eine Erfindung mit zwei Ballons, wobei das Volumen des Ballons c gleich bleibt und nur die Luft eines zweiten Ballons a abgelassen wird, um zu landen. Vorteilhafterweise kann so das Gas in dem ersten Ballon c für weitere Luftfahrten erhalten werden. Im Grunde erhält man mit dieser Anordnung einen freischwebenden Aufzug.

[9] DPMA, https://depatisnet.dpma.de/DepatisNet/depatisnet?action=pdf&docid=DE000000006372A&xxxfull=1, abgerufen am 28.3.2025.

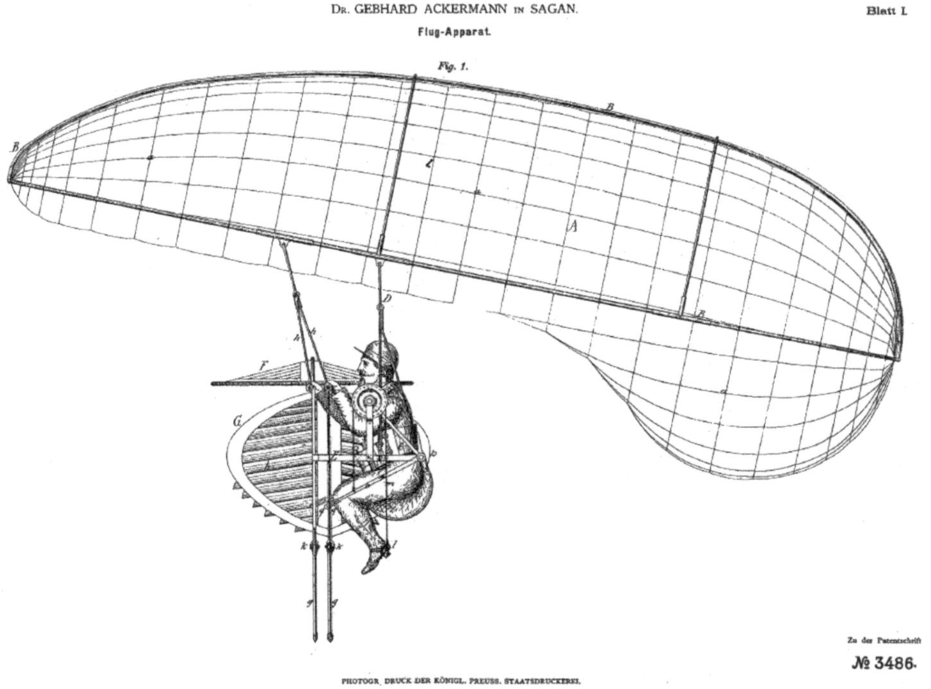

Abb. 6.3 Figur der DE3486 (DPMA, https://depatisnet.dpma.de/DepatisNet/depatisnet?action=pdf&docid=DE000000003486A&xxxfull=1, abgerufen am 22.3.2025.)

Die Abb. 6.4 zeigt in der Fig. 2 die Ausformung des unteren Ballons a als Torus, in dessen Mitte der obere Ballon c aufgenommen werden kann. Die Fig. 1 zeigt die Anordnung in einer Seitenansicht, wobei der obere Ballon c an seiner Stelle im Raum stillsteht und nur der untere Ballon a herauf und herunter bewegt wird.

6.4 Varianten zu Ballons als freischwebende Aufzüge

Ein weiteres Patent desselben Erfinders ist die DE 16492, das am 9. April 1881 erteilt wurde, In dieser Patentschrift werden alternative Ausführungen zu einem freischwebenden Aufzug aus Ballons dargestellt.

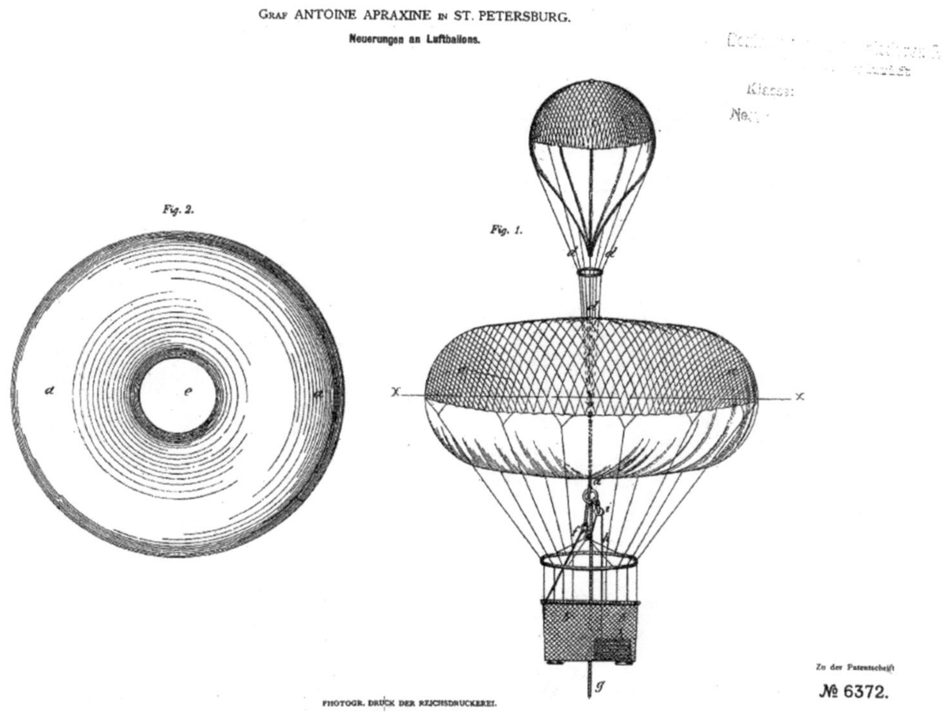

Abb. 6.4 Fig. 1 und 2 der DE6372 (DPMA, https://depatisnet.dpma.de/DepatisNet/depatisnet?action=pdf&docid=DE000000006372A&xxxfull=1, abgerufen am 28.3.2025.)

Die Abb. 6.5 zeigt verschiedene Kombinationen von Luftballons, wobei a der Hauptballon ist. Das Grundprinzip ist, dass Ballons als fixe Positionen in der Luft genutzt werden, zu denen ein weiterer Ballon a mit der Gondel b heraufgezogen werden kann. Die Figuren 1 bis 4 zeigen das Herauf- bzw. Herunterziehen. Zum Herauf- und Herunterziehen kann der Luftschiffer in der Gondel b die Seile d und d´ einziehen oder herablassen.

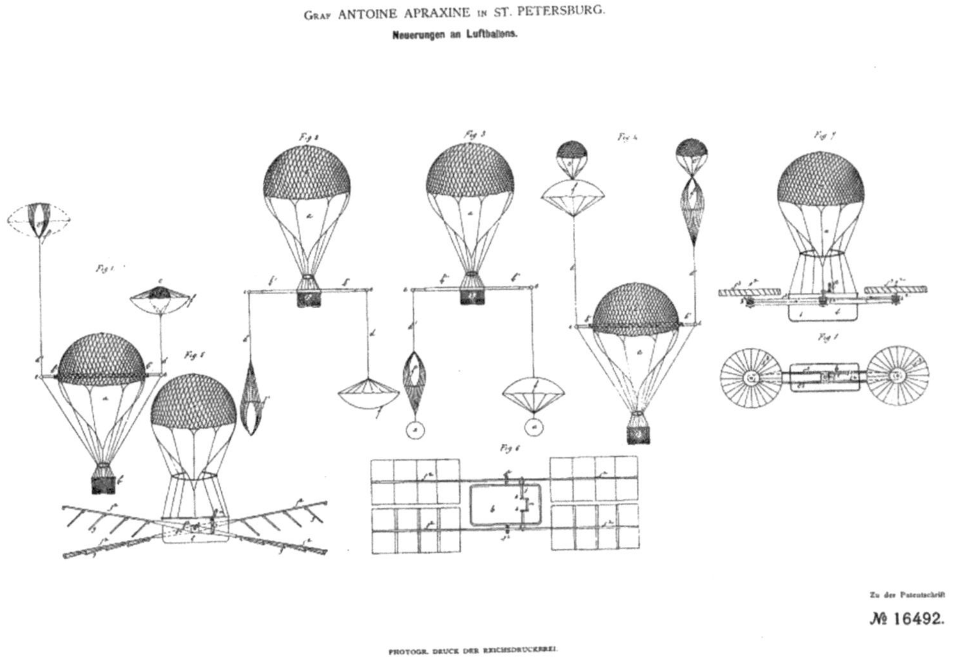

Abb. 6.5 Fig. 1 bis 8 der DE16492 (DPMA, https://depatisnet.dpma.de/DepatisNet/depatisnet?action=pdf&docid=DE000000016492A&xxxfull=1, abgerufen am 22.3.2025.)

6.5 Luftschiff als Seilschleppschiffe

Das Patent DE 56355, das am 30. September 1890 erteilt wurde, beschreibt ein Luftschiff, das zum Schleppen von Lasten genutzt wird.

Der einzige Anspruch des Patents lautet:

> „Ein Luftschiff, welches mit Seilrolle und darüber geführtem Seil (oder Kette) versehen ist, welch letzteres am Boden verankert und bei Bewegung des Luftschiffes von demselben aufgenommen bzw. abgelassen wird.“[10]

Die Abb. 6.6 zeigt Luftschiffe, die als Aussichtstürme genutzt werden, wobei mit einem Motor ein Seil in die Gondel eingezogen werden kann, um das betreffende Luftschiff nach unten zu ziehen, um es zum Landen zu bringen, bzw. wobei das Seil ausgefahren wird, um ein Steigen des Luftschiffs zu ermöglichen. Insbesondere kann dadurch das mühsame Besteigen einer Bergspitze, um eine schöne Aussicht zu genießen, überflüssig gemacht werden (siehe Fig. 1).

[10] DPMA, https://depatisnet.dpma.de/DepatisNet/depatisnet?action=pdf&docid=DE000000056355A&xxxfull=1, abgerufen am 30.3.2025.

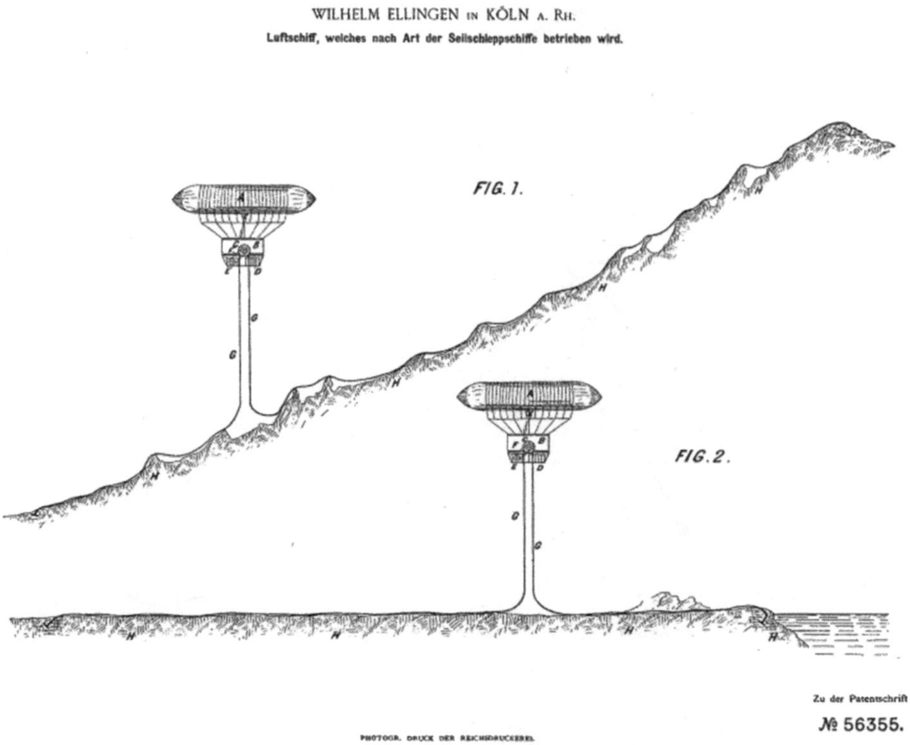

Abb. 6.6 Fig. 1 und 2 der DE56355 (DPMA, https://depatisnet.dpma.de/DepatisNet/depatisnet?action=pdf&docid=DE000000056355A&xxxfull=1, abgerufen am 22.3.2025.)

6.6 Schraubenförmiger Luftballon

Das Patent DE 58092, das am 10. Januar 1891 erteilt wurde, beschreibt einen schraubenförmigen Auftriebskörper, der durch die eigene Umdrehung zur Vorwärtsbewegung gebracht werden soll.

Der einzige Anspruch lautet:

> „Ein schraubenförmiger Luftballon, bestehend aus einem langgestreckten Gassack, welcher schraubenförmig um eine Welle gewunden und von dieser durch Streben in gleichmäßiger Entfernung gehalten wird, während in der Mitte an der Welle ein Korb hängt, aus dem die Welle und damit der Gasbehälter in Umdrehung versetzt werden kann.“[11]

Die Abb. 6.7 zeigt eine Kurbel über der Gondel, die durch Handbetrieb bedient wird, um damit eine schraubenförmige Drehung des Tragkörpers zu erzeugen.

[11] DPMA, https://depatisnet.dpma.de/DepatisNet/depatisnet?action=pdf&docid=DE000000058092A&xxxfull=1, abgerufen am 28.3.2025.

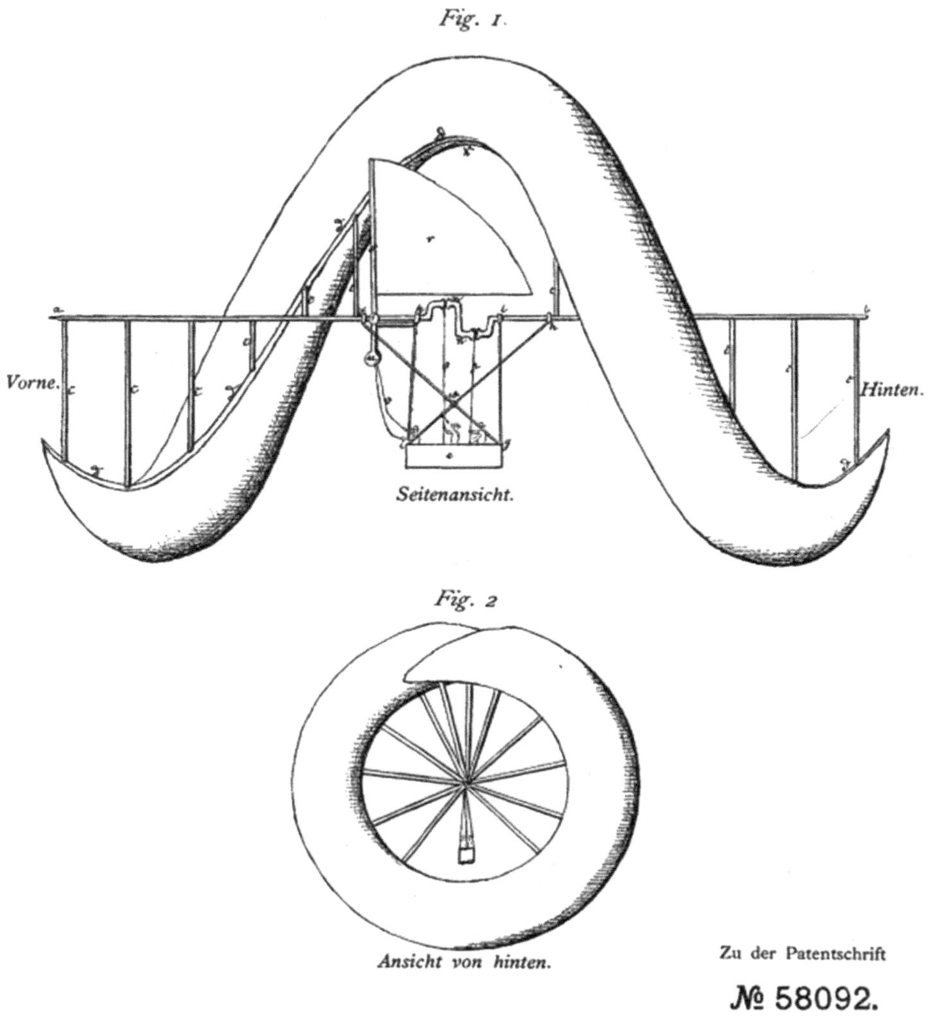

Abb. 6.7 Fig. 1 und 2 der DE58092 (DPMA, https://depatisnet.dpma.de/DepatisNet/depatisnet?action=pdf&docid=DE000000058092A&xxxfull=1, abgerufen am 22.3.2025.)

Ein schraubenlinienförmiger Auftriebskörper kann als ein Irrweg angesehen werden, da sich durch die helikale Form ein hoher Luftwiderstand, eine verringerte Auftriebswirkung durch den volumenmäßig kleinen Auftriebskörper und eine aerodynamisch nachteilige Form ergibt. Stattdessen konnten sich zigarrenförmige Auftriebskörper entsprechend dem Konzept der Zeppeline durchsetzen.[12]

[12] Wikipedia, https://de.wikipedia.org/wiki/Luftschiff, abgerufen am 25.5.2025.

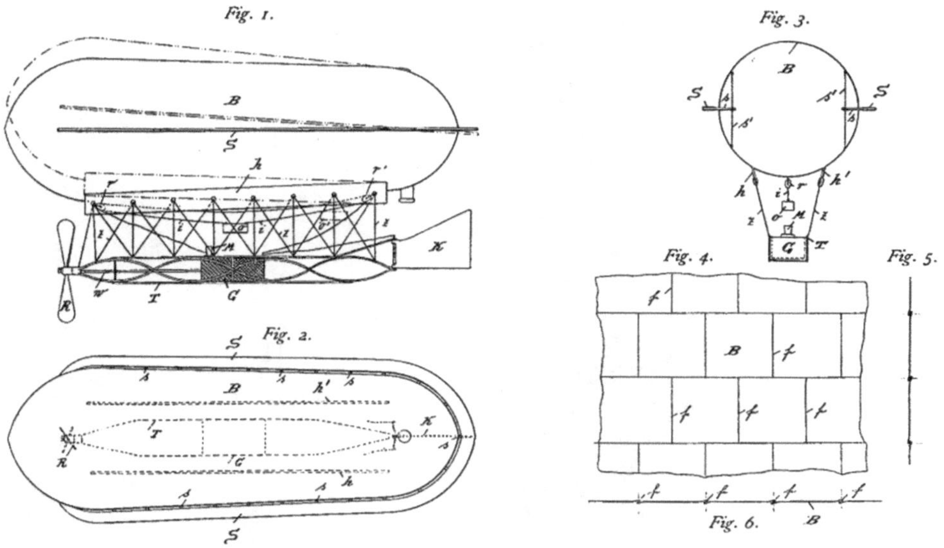

Abb. 6.8 Fig. 1 bis 5 der DE63629 (DPMA, https://depatisnet.dpma.de/DepatisNet/depatisnet?action=pdf&docid=DE000000063629A&xxxfull=1, abgerufen am 22.3.2025.)

6.7 Luftschiff mit Lenkvorrichtung

Das Patent DE 63629, das am 28. August 1891 erteilt wurde, zeigt ein Luftschiff mit Lenkvorrichtung.

Der einzige Anspruch des Patents lautet:

> „Ein Luftschiff mit Lenkvorrichtung, dadurch gekennzeichnet, dafs der Ballon an der Unterseite mit zwei zur Aufnahme der die Gondel (G) haltenden Stricke (z) dienenden Längsfalten (h h^1) versehen ist und eine Hülle mit carréartig genähten Falten (f) besitzt.“[13]

Die Abb. 6.8 zeigt das erfindungsgemäße Luftschiff mit der Ballonhülle B und der Gondel G, wobei die Gondel G nicht mit einem Netz an dem Ballon verbunden ist, sondern mit Stricken z, wobei die Stricke z an in Längsbahnen ausgerichteten Falten verbunden sind, die besonders guten Halt bieten.

6.8 Luftschiffkreisel

Das Patent DE 64148, das am 7. November 1891 erteilt wurde, zeigt innerhalb eines Luftschiffs einen rotierenden Kreisel, mit dem das Luftschiff einen Antrieb nach oben erfahren soll.

[13] DPMA, https://depatisnet.dpma.de/DepatisNet/depatisnet?action=pdf&docid=DE000000063629A&xxxfull=1, abgerufen am 28.3.2025.

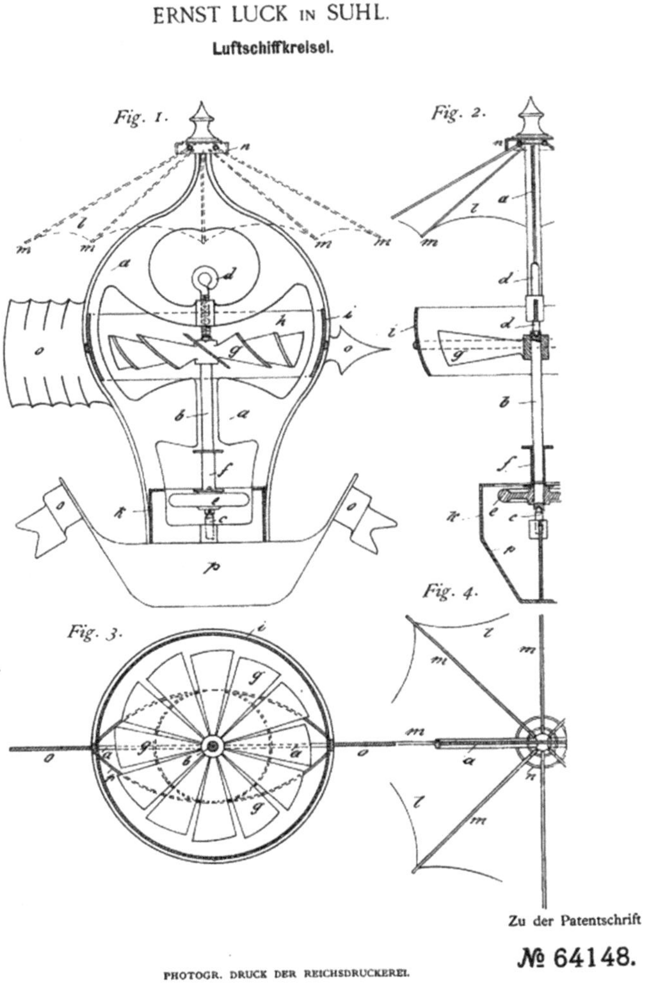

Abb. 6.9 Fig. 1 bis 4 der DE64148 (DPMA, https://depatisnet.dpma.de/DepatisNet/depatisnet?action=pdf&docid=DE000000064148A&xxxfull=1, abgerufen am 22.3.2025.)

Die Abb. 6.9 zeigt die Erfindung mit einem Kreisel g, der von einer Welle b, um die eine Schnur gewickelt ist, angetrieben wird. Die Schnur wird schnell abgewickelt und die dadurch erzeugte Rotation mit dem Schwungrad e verstetigt, damit der Luftkreisel die Luft nach unten drücken kann, um einen Auftrieb zu erzeugen. Steigt das Luftschiff faltet sich der Fallschirm zusammen und hindert damit nicht den Aufstieg. Endet der Aufstieg, wird sich der Fallschirm wieder entfalten und ein rasches Absacken des Luftschiffes verhindern.

Die Konstruktion mit einem Innenkreisel versucht durch überdimensionale Luftschaufeln die mangelnde Leistungsfähigkeit damaliger Motoren zu kompensieren. Allerdings ergeben sich durch große Schaufeln auch ein hohes Gewicht, das wieder weitere

Nachteile nach sich zieht. Immerhin kann dieser Patentschrift der Gedanke entnommen werden, durch Luftschrauben ein Auf- und Absteigen zu ermöglichen.

6.9 Luftschiff mit Raketenantrieb

Das Patent DE 69348, das am 17. Juni 1892 erteilt wurde, beschreibt einen Raketenantrieb für ein Luftschiff. Das Luftschiff soll durch das nach hinten Schleudern von verbranntem heißen Gas, das durch die Verbrennung expandiert ist, einen Impuls und damit Antrieb nach vorne erhalten. Der besondere Vorteil des erfindungsgemäßen Luftschiffs liegt darin, dass der Motor schwenkbar ist, sodass das Luftschiff in der Ebene gesteuert werden kann. Außerdem kann der Raketenmotor nach unten gerichtet werden, sodass durch den Antrieb des Motors das Aufsteigen des Luftschiffs unterstützt wird.

Der Hauptanspruch des Luftschiffs lautet:

> „Durch Raketen getriebenes Luftschiff, dadurch gekennzeichnet, dass am hinteren Ende desselben eine zur Aufnahme der Raketen dienende Kammerwalze in einem mit dem Schiffskörper verbundenen Kreuzgelenk dergestalt angeordnet ist, dass die Ausströmungsrichtung der Treibgase in Bezug auf den Schiffskörper sowohl in senkrechter als waagrechter Ebene verändert werden kann."[14]

In dem Anspruch wird ein Kreuzgelenk beschrieben. Mit einem Kreuzgelenk bzw. Kardangelenk, wird ein Drehmoment zwischen zwei Wellen übertragen, die in einem Winkel zueinander gekuppelt sind. Der Winkel kann sich während der Übertragung ändern.

Die Abb. 6.10 zeigt in Fig. 1 das Luftschiff ohne Gondel mit dem Raketenmotor.

Die beiden Technologien eines Luftschiffs mit voluminösen Auftriebskörper und eines Raketenantriebs sind nicht vereinbar. Ein Luftschiff ist mit seinem aerodynamisch nachteiligen Auftriebskörper nicht für hohe Geschwindigkeiten geeignet. Allerdings kann das Luftschiff mit seinem geringen Verbrauch an Treibstoff punkten, da keine Motorenleistung für den Auftrieb erforderlich ist. Im Gegensatz dazu dient ein Raketenantrieb einer sehr schnellen Beschleunigung, wobei in kurzer Zeit hohe Mengen an Treibstoffen verbraucht werden. Der Raketenantrieb ist daher für ein Luftschiff nicht geeignet, da ein Luftschiff mit seinem voluminösen Auftriebskörper keine hohen Geschwindigkeiten erreichen kann. Andererseits macht es den Vorteil des Luftschiffs mit seinem geringen Verbrauch an Treibstoffen zunichte. Diese beiden Technologien ergeben daher in Kombination keine vorteilhafte Ausführungsform, sondern schließen sich eher gegenseitig aus. Zudem stellt ein Raketenantrieb für ein Luftschiff eine hohe Entzündungsgefahr dar. Luftschiffe mit Raketenantrieb sind daher ein technologischer Irrweg.[15]

[14] DPMA, https://depatisnet.dpma.de/DepatisNet/depatisnet?action=pdf&docid=DE000000069348A&xxxfull=1, abgerufen am 30.3.2025.

[15] Wikipedia, https://de.wikipedia.org/wiki/Raketentriebwerk, abgerufen am 25.5.2025.

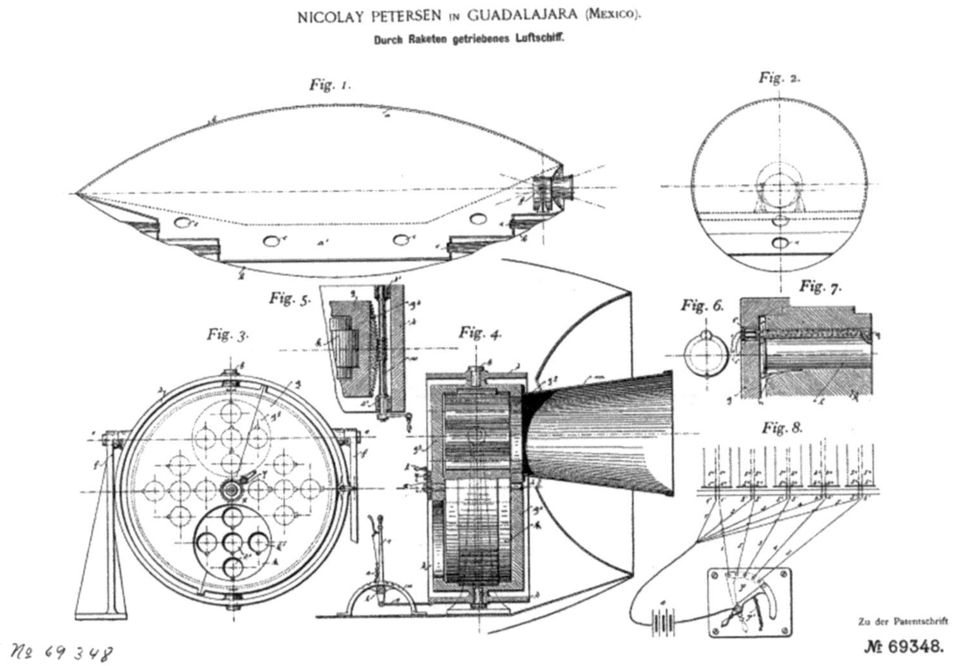

Abb. 6.10 Fig. 1 bis 8 der DE69348 (DPMA, https://depatisnet.dpma.de/DepatisNet/depatisnet?action=pdf&docid=DE000000069348A&xxxfull=1, abgerufen am 22.3.2025.)

6.10 Luftschiff mit nach vorn geneigten Seitenflügeln

Das Patent DE 75900, das am 10. August 1893 erteilt wurde, beschreibt ein „Luftschiff mit nach vorn geneigten Seitenflügeln und einem um eine waagrechte Achse pendelnden Schwanzsegel“[16] (Titel der Patentschrift).

Der Hauptanspruch des Patents lautet:

> „Durch Flügel fortzubewegendes Luftschiff, dadurch gekennzeichnet, dafs sowohl die nach vorn geneigt angeordneten Seitenflügel (FF^1), als auch das um eine waagrechte Achse pendelnde Schwanzsegel (F^2) aus jalousieartig sich öffnenden Klappen bestehen, die mittelst einer von einem Excenter (n) und einer Feder beeinflufsten Stange (l) so bewegt werden, dafs sie sich beim Leer- bezw. Hochgehen der Flügel öffnen und beim Arbeiten bezw. Niedergehen derselben schliefsen.“[17]

[16] DPMA, https://depatisnet.dpma.de/DepatisNet/depatisnet?action=pdf&docid=DE000000075900A&xxxfull=1, abgerufen am 8.4.2025.

[17] DPMA, https://depatisnet.dpma.de/DepatisNet/depatisnet?action=pdf&docid=DE000000075900A&xxxfull=1, abgerufen am 28.3.2025.

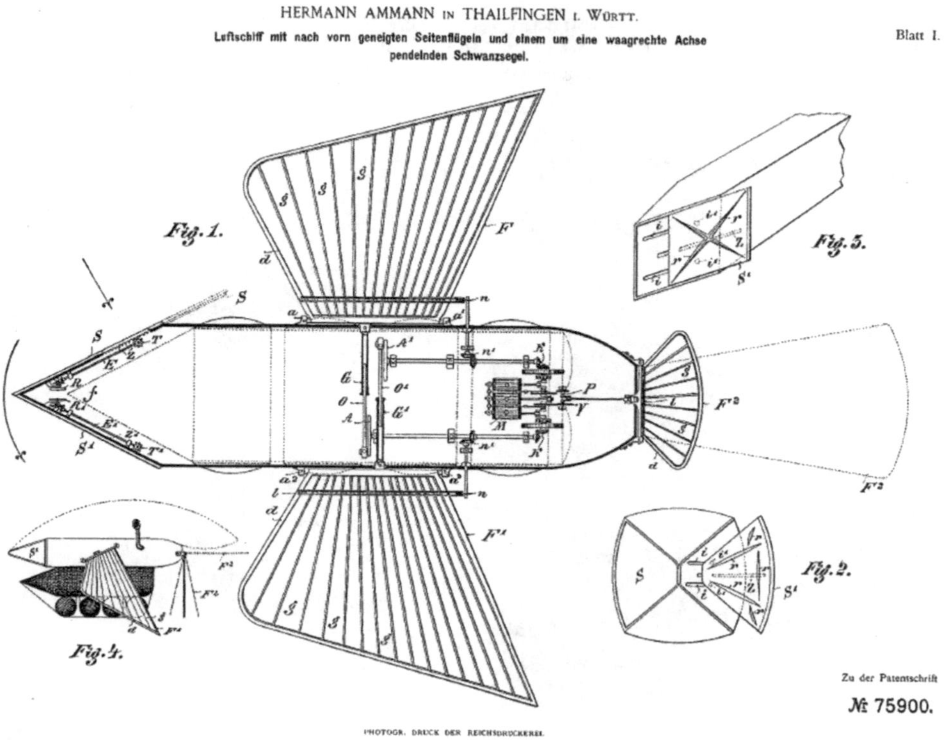

Abb. 6.11 Fig. 1 bis 5 der DE75900 (DPMA, https://depatisnet.dpma.de/DepatisNet/depatisnet?action=pdf&docid=DE000000075900A&xxxfull=1, abgerufen am 22.3.2025.)

Das erfindungsgemäße Fluggerät hat einen Gasbehälter zum Schweben in der Luft. Außerdem weist es Flügel auf, mit denen eine Aufwärts- bzw. Abwärtsbewegung erreicht werden soll, ähnlich den Flugbewegungen eines Vogels.

Die Abb. 6.11 zeigt das Fluggerät in der Fig. 1 mit einem Längsschnitt von oben, wobei die Flügel F und F^1 mit ihrem Antrieb dargestellt sind.

Propeller als Antriebsvorrichtungen sind erheblich effizienter als schlagende Flügel, die grundsätzlich dasselbe Prinzip anwenden, indem sie Luft nach hinten bzw. unten wegdrücken. Das Konzept dieses Patents konnte sich nie bewähren und beim Aufkommen leistungsstarker Motoren, die Propeller antreiben, setzte sich diese Antriebsart allgemein durch.[18]

[18] Festo Vertrieb GmbH & Co. KG, https://www.festo.com/de/de/e/ueber-festo/blog/bionics/der-natur-auf-die-fluegel-geschaut-id_44627/, abgerufen am 25.5.2025.

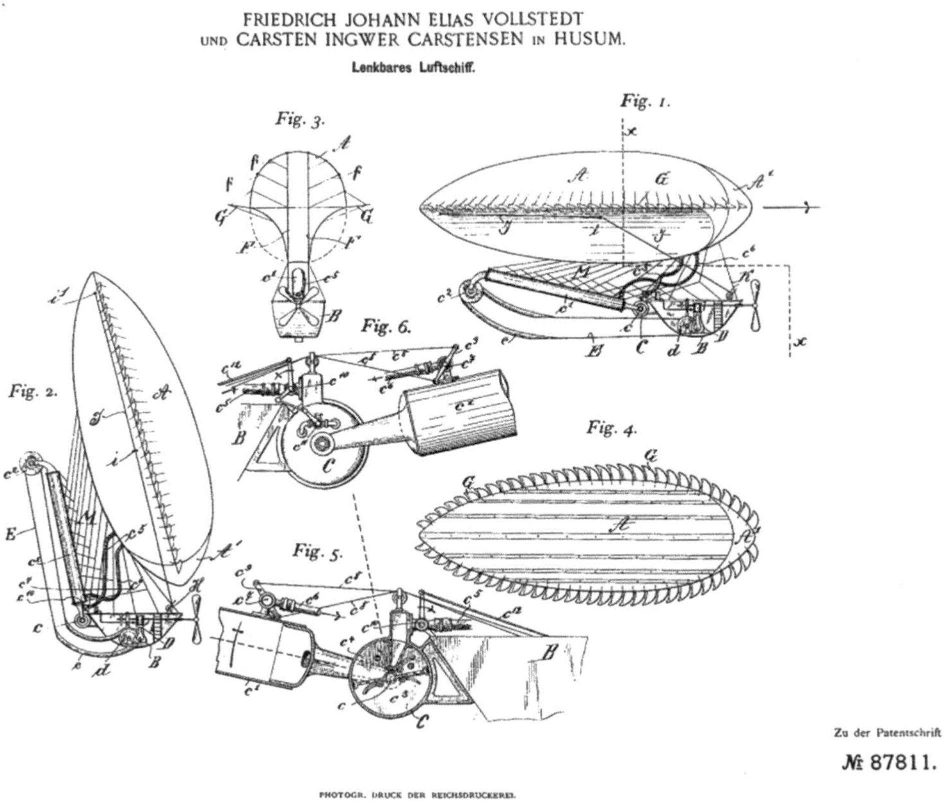

Abb. 6.12 Fig. 1 bis 5 der DE87811 (DPMA, https://depatisnet.dpma.de/DepatisNet/depatisnet?action=pdf&docid=DE000000087811A&xxxfull=1, abgerufen am 22.3.2025.)

6.11 Luftschiff mit wippendem Auftriebskörper

Das Patent DE 87811, das am 19. Januar 1894 erteilt wurde, zeigt ein Luftschiff mit einem bewegbaren Auftriebskörper.

Der Hauptanspruch lautet:

> „Ein lenkbares Luftschiff, bei welchem der cigarrenförmige Ballon durch direct an seiner Unterseite befestigte Schnüre derart mit einer Gondel B und einem an derselben angelenkten Behälter c verbunden ist, dafs er, ohne die Lage der Gondel A zu verändern, in der Verticalebene auf und ab schwingen kann, und durch diese beständig erfolgenden Schwingungen das Luftschiff in Richtung nach vorwärts treibt."[19]

[19] DPMA, https://depatisnet.dpma.de/DepatisNet/depatisnet?action=pdf&docid=DE000000087811A&xxxfull=1, abgerufen am 31.3.2025.

Der Anspruch beschreibt, dass der Auftriebskörper aufgerichtet und wieder abgesenkt wird und durch das Absenken sich sozusagen das Luftschiff nach oben oder voran robben soll.

Die Abb. 6.12 zeigt in der Fig. 1 den Auftriebskörper in einer waagrechten Ausrichtung und in der Fig. 2 in einer aufgerichteten Ausrichtung. Durch das Absenken des Auftriebskörpers soll eine Bewegung nach vorne bzw. nach oben erreicht werden. Immerhin ist die Gondel in der Fig. 1 und in der Fig. 2 zu jedem Zeitpunkt waagrecht ausgerichtet, sodass die Passagiere durch die Bewegungen des Auftriebskörpers nicht absturzgefährdet sind.

Es erfordert eine große Energie, den voluminösen Auftriebskörper, der einen hohen Luftwiderstand aufweist, durch die Luft zu bewegen. Die technische Lehre des vorliegenden Patents erfordert daher einen großen Kraftaufwand. Es hat sich durchgesetzt, den Auftriebskörper zigarrenförmig auszuformen und nicht unnötig zu bewegen, wodurch ein geringer Verbrauch an Treibstoff sichergestellt wird. Das Konzept dieses Patents kann daher als Irrweg angesehen werden.

6.12 Aufhängen von Flugmaschinen an Luftballons

Das Patent DE 123165, das am 7. Januar 1900 erteilt wurde, zeigt ein steuerbares Luftschiff mit Propellern und „Schlagflügel“ zum Lenken des Fluggeräts. Die Erfindung stellt insbesondere eine „Vorrichtung zum freibeweglichen Aufhängen von Flugmaschinen an Luftballons“[20] zur Verfügung.

Die Erfindung löst die Aufgabe, dass eine unerwünschte Bewegung des Luftballons, der durch sein großes Volumen einen hohen Luftwiderstand aufweist und daher durch Windstöße in Bewegung versetzt werden kann, nur abgemildert auf ein angehängtes Fluggerät übertragen wird. Das angehängte Fluggerät bleibt dabei in seiner Lage stabil, selbst wenn der voluminöse Ballon heftigen Windstößen ausgesetzt ist.

Der einzige Anspruch lautet:

> „Vorrichtung zur freibeweglichen Aufhängung von Flugmaschinen an Luftballons, dadurch gekennzeichnet, dafs an dem Luftballon ein Bügel (w) aufgehängt ist, welcher mit einem an der Flugmaschine befestigten Bügel (v) mittelst einer Achse (2) gelenkig verbunden ist, auf welcher letzteren eine mit den Wellen (4, 5) der Schrauben (i) ausgerüstete Hohlwelle (7) drehbar angeordnet ist, zu dem Zweck, die Widerstandswirkung der die Stabilität der Flugmaschine unterstützenden Schrauben durch entsprechende Einstellung nach Bedarf regeln zu können.“[21]

[20] DPMA, https://depatisnet.dpma.de/DepatisNet/depatisnet?action=pdf&docid=DE000000123165A&xxxfull=1, abgerufen am 3.4.2025.

[21] DPMA, https://depatisnet.dpma.de/DepatisNet/depatisnet?action=pdf&docid=DE000000123165A&xxxfull=1, abgerufen am 3.4.2025.

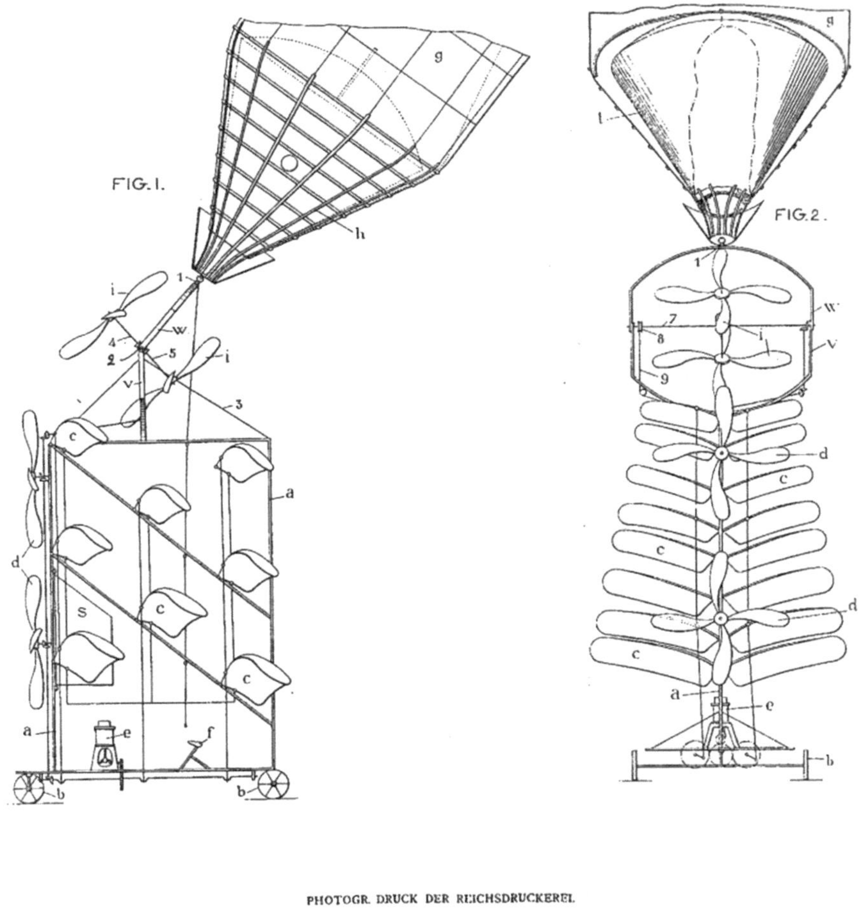

Abb. 6.13 Fig. 1 und 2 der DE123165 (DPMA, https://depatisnet.dpma.de/DepatisNet/depatisnet?action=pdf&docid=DE000000123165A&xxxfull=1, abgerufen am 22.3.2025.)

Die Abb. 6.13 zeigt das erfindungsgemäße Fluggerät mit dem Ballon g, an dem das Gerüst a befestigt ist. Die Fig. 1 zeigt, dass der Ballon g geschwenkt werden kann und das Fluggerät dennoch in seiner Lage stabil ist.

6.13 Vorrichtung zum Bewegen von Luftschiffen

Das Patent DE 146739, das am 11. Juni 1901 erteilt wurde, beschreibt ein Luftschiff, das mittels beweglicher Flügel bewegt wird. Das Luftschiff weist zwei Motoren für den Antrieb und mehrere Flügel auf, deren Ausrichtung über ein Gestänge verändert werden kann, um eine Steuerung des Flugapparats zu ermöglichen.

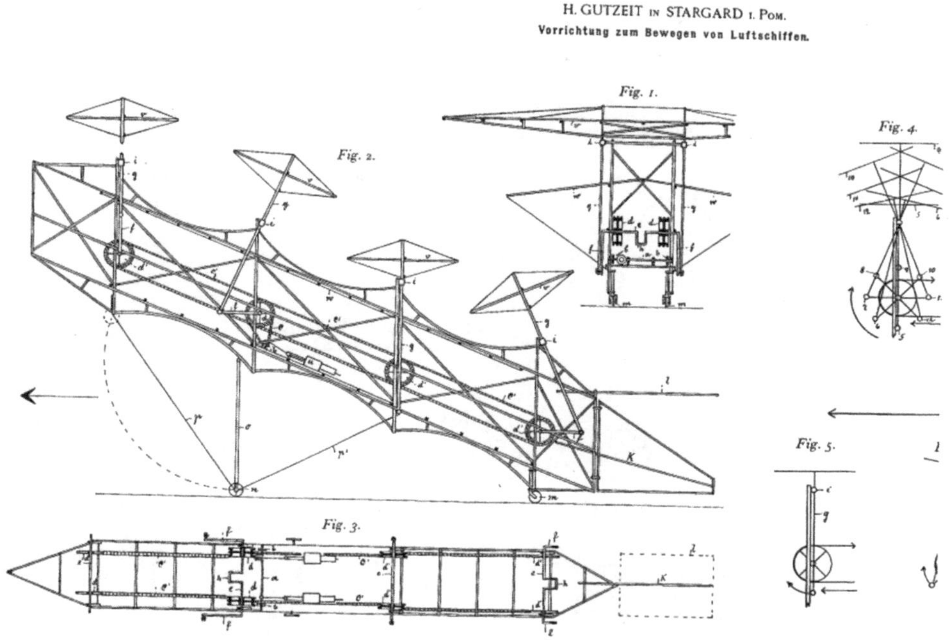

Abb. 6.14 Fig. 1 bis 5 der DE146739 (DPMA, https://depatisnet.dpma.de/DepatisNet/depatisnet?action=pdf&docid=DE000000146739A&xxxfull=1, abgerufen am 22.3.2025.)

Der Hauptanspruch lautet:

> „Vorrichtung zum Bewegen von Luftschiffen, dadurch gekennzeichnet, daß eine Flügelfläche rechtwinklig an einer geraden Stange angebracht ist, deren anderes Ende von einer umlaufenden Kurbel (f) angetrieben wird, während der zwischen Kurbelzapfen und Flügelfläche liegende Stangenteil fortwährend durch einen festen Punkt (i) hindurchgeht, so daß die Flügelfläche auf Fortbewegung senkrecht zu einer durch die Kurbelwellenachse und den festen Punkt (i) gelegten Ebene wirkt, und zwar in der Richtung, in welcher der Kurbelzapfen sich in der von dem festen Punkte (i) am weitesten entfernten Stellung bewegt.“[22]

Die Abb. 6.14 zeigt die Änderung der Ausrichtung der Flügel v zur Lenkung des Luftschiffs. Die Fig. 4 illustriert einen Flügel in verschiedenen Stellungen. Die Pfeile zeigen die Flugrichtung des Luftschiffs an. Sind die Flügel v wie in den Fig. 6, 7 und 8 angestellt, steigt das Luftschiff auf. Eine Flügelstellung gemäß der Fig. 10, 11 und 12 führt zu einem Absenken bzw. Landen des Luftschiffs (siehe Abb. 6.15).

[22] DPMA, https://depatisnet.dpma.de/DepatisNet/depatisnet?action=pdf&docid=DE000000146739A&xxxfull=1, abgerufen am 30.3.2025.

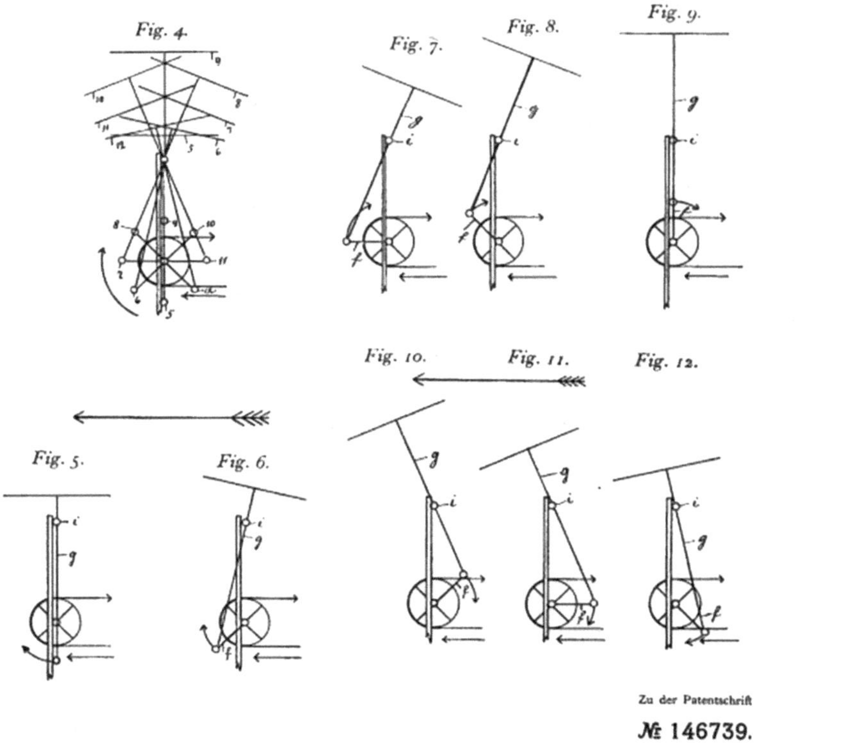

Abb. 6.15 Fig. 4 bis 12 der DE146739 (DPMA, https://depatisnet.dpma.de/DepatisNet/depatisnet?action=pdf&docid=DE000000146739A&xxxfull=1, abgerufen am 22.3.2025.)

6.14 Drehender Auftriebskörper

Das Patent DE 175476 A, das am 9. Juli 1904 erteilt wurde, beschreibt besondere Ausführungsformen von Luftschiffen, wobei sich der komplette Auftriebskörper dreht, um als Luftschraube zum Antrieb des Luftschiffs zu dienen.

Der Hauptanspruch des Patents lautet:

> „Luftschiff, welches aus zwei mit ihrer Grundfläche einander zugekehrten, kegelstumpfförmigen, um ihre Längsachse sich drehenden, kranzförmig mit Schraubenflügeln besetzten Ballons besteht, gekennzeichnet durch eine derartige Anordnung der Flügel hintereinander, daß einerseits die Grundlinien der zu jedem Kranz gehörenden Schraubenflügel außerhalb eines durch den äußeren Flügelrand des nächst kleineren Kranzes gedachten, zur Längsachse der Ballons parallelen Zylinders liegen, und daß andererseits zwischen den Flügeln in der Längsrichtung der Tragkörper geradlinig sich erstreckende Zwischenräume vorhanden sind,

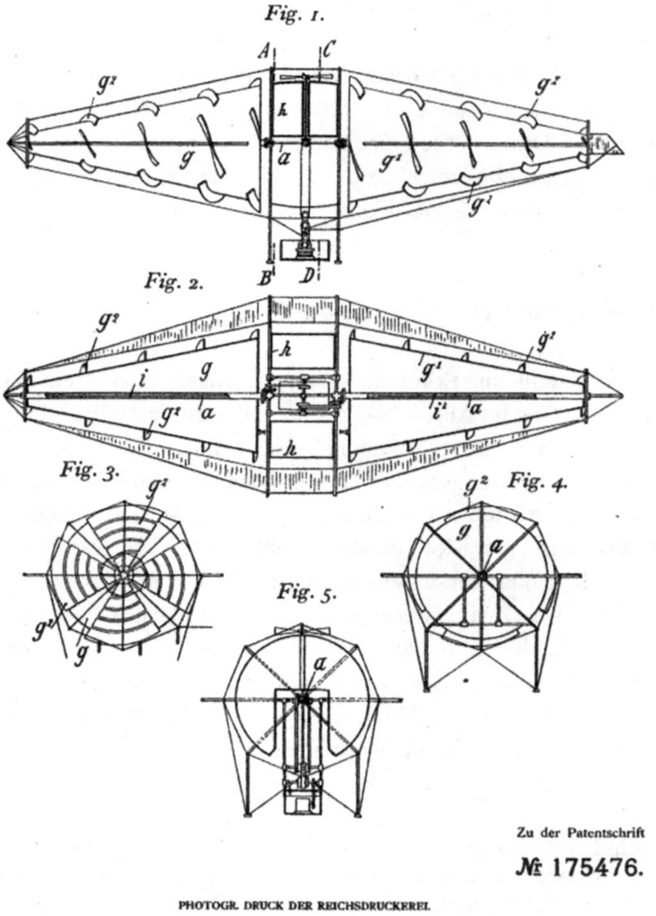

Abb. 6.16 Fig. 1 bis 5 der DE175476 (DPMA, https://depatisnet.dpma.de/DepatisNet/depatisnet?action=pdf&docid=DE000000175476A&xxxfull=1, abgerufen am 22.3.2025.)

> zum Zweck, bei jedem Flügel den Zu- und Abfluß der Luft möglichst wenig zu behindern und so die Wirkung der Schraubenflächen zu erhöhen.“[23]

Der Anspruch beschreibt ein Luftschiff, dessen kompletter Auftriebskörper mit Flügeln versehen ist, und der sich dreht, um einen Antrieb zu erzeugen. Vorteilhafterweise ist der Auftriebskörper zu seinen Enden hin spitz zulaufend, um den Luftwiderstand zu verringern.

Die Abb. 6.16 zeigt den Auftriebskörper des Luftschiffs in der Fig. 1 in einer seitlichen Darstellung und in der Fig. 2 in einem Längsschnitt. Die Fig. 3, 4 und 5 zeigen den Auf-

[23] DPMA, https://depatisnet.dpma.de/DepatisNet/depatisnet?action=pdf&docid=DE000000175476A&xxxfull=1, abgerufen am 28.3.2025.

triebskörper in einer Vorder- und einer Hinteransicht, außerdem in einem Querschnitt. Mit g^1 sind die Flügel bezeichnet.

Die technische Lehre des Patents beschreibt eine Propellerwirkung durch das Anordnen von Luftschaufeln an der Außenhaut des Antriebskörpers, wobei der Antriebskörper zur Rotation gebracht wird. Dies erfordert eine komplizierte Technik und einen hohen Energieaufwand. Es ist bedeutend effizienter kleine Propeller anzutreiben, statt einen kompletten Auftriebskörper. Diese Erfindung führte daher in eine technologische Sackgasse.

6.15 Drachenluftschiff

Ein Drachenluftschiff stellt eine Kombination eines Luftschiffs, das seinen statischen Auftrieb durch das leichte Gas im Auftriebskörper erhält, mit einem Flugzeug, das einen dynamischen Auftrieb durch Luftverdrängung erzeugt, dar. In der Anfangszeit der Flugzeuge, in der noch keine leistungsstarken Motoren zur Verfügung standen, war es vorteilhaft, dass zusätzlicher Auftrieb durch einen gasgefüllten Auftriebskörper erzeugt wurde. Als schließlich leistungsstarke Motoren zur Verfügung standen, war diese Unterstützung nicht mehr erforderlich und stattdessen wurde der hohe Luftwiderstand der Auftriebskörper zum Nachteil. Das Zwitterwesen Drachenluftschiff ist daher eine Erscheinungsform des Übergangs. Nach dem Siegeszug der Flugzeuge und dem Niedergang der Luftschifffahrt war auch die kurze Zeit der Drachenluftschiffe vorüber.[24]

Das Patent DE 214856, das am 25. Juni 1908 erteilt wurde, beschreibt ein Luftschiff zum Transport von Mannschaften und Maschinen.

Der Hauptanspruch lautet:

> „Drachenluftschiff, gekennzeichnet durch ein röhrenförmiges, die Propeller enthaltendes Mittelgerüst, von dessen beiden Seiten voneinander getrennte, gasgefüllte Tragkörper abgehen, die mit den einander zugekehrten Seiten die seitliche und die ganze oder fast die ganze obere Wand des Mittelgerüstes bedecken, und das nach unten in einen kielförmigen Mannschafts- und Maschinenraum übergeht, dessen obere Fläche gleichzeitig die untere Wand des Röhrenkörpers bildet und dessen seitliche Flächen in die unteren Flächen der Tragkörper übergehen.“[25]

Der Hauptanspruch beschreibt einen Rumpfkörper zur Aufnahme von Transportgut, dessen Wände gleichzeitig als Wandung des Tragkörpers genutzt werden, wodurch durch die Doppelnutzung der Wände ein Raumgewinn erreicht wird.

Die Abb. 6.17 zeigt ein Luftschiff mit zwei symmetrisch angeordneten Auftriebskörpern 1, wobei das Erfindungsgemäße darin liegt, dass die Wandungen des Rumpfes des

[24] Wikipedia, https://de.wikipedia.org/wiki/Luftschiff, abgerufen am 25.5.2025.

[25] DPMA, https://depatisnet.dpma.de/DepatisNet/depatisnet?action=pdf&docid=DE000000214856A&xxxfull=1, abgerufen am 28.3.2025.

Fig. 1.

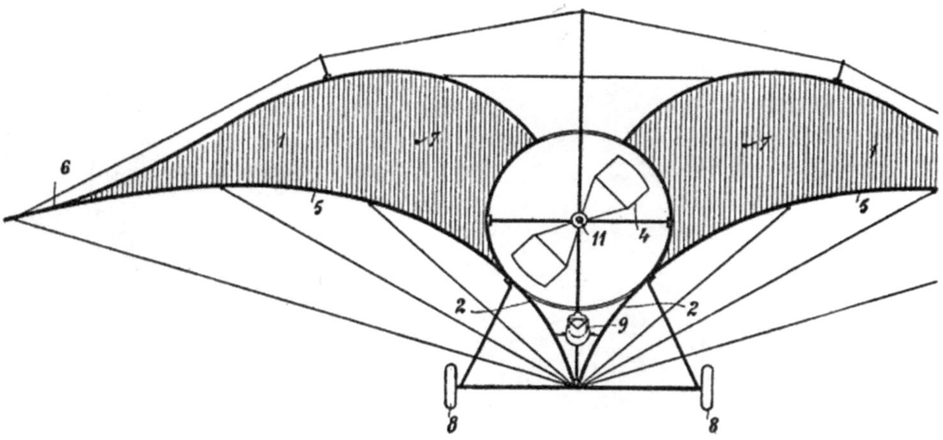

Abb. 6.17 Fig. 1 der DE214856 (DPMA, https://depatisnet.dpma.de/DepatisNet/depatisnet?action=pdf&docid=DE000000214856A&xxxfull=1, abgerufen am 22.3.2025.)

Flugkörpers zugleich die Wandungen der Auftriebskörper sind und dadurch das Raumangebot für eine Luftfracht erhöht wird.

6.16 Vorrichtung zum Landen

Das Patent DE 227242, das am 8. September 1908 erteilt wurde, nimmt sich dem Problem des sicheren Landes und Startens von Luftschiffen bei starken Windströmungen an. Insbesondere soll das Landen mit einer kleinen Bodenmannschaft erreicht werden.

Der Hauptanspruch lautet:

> „Vorrichtung zum Landen und Abfliegen von Luftfahrzeugen, dadurch gekennzeichnet, daß zwischen zwei oder mehreren Punkten Seile gespannt sind, an welchen das Luftfahrzeug landet und an welchen es abfliegt.“[26]

Die technische Lehre der Erfindung befasst sich insbesondere mit dem Anseilen von Luftschiffen, um den Landevorgang zu erleichtern.

Die Abb. 6.18 zeigt in der Fig. 1 eine Vorrichtung zum Landen eines Luftschiffs, wobei zwischen zwei Punkten 1 ein Seil 2 gespannt ist. Das Seil 2 kann von einem Anker 8 eines Luftschiffs A, B ergriffen werden und das Luftschiff A, B kann sich durch das Einholen des Seils 6 selbst nach unten ziehen und landen.

[26] DPMA, https://depatisnet.dpma.de/DepatisNet/depatisnet?action=pdf&docid=DE000000227242A&xxxfull=1, abgerufen am 31.3.2025.

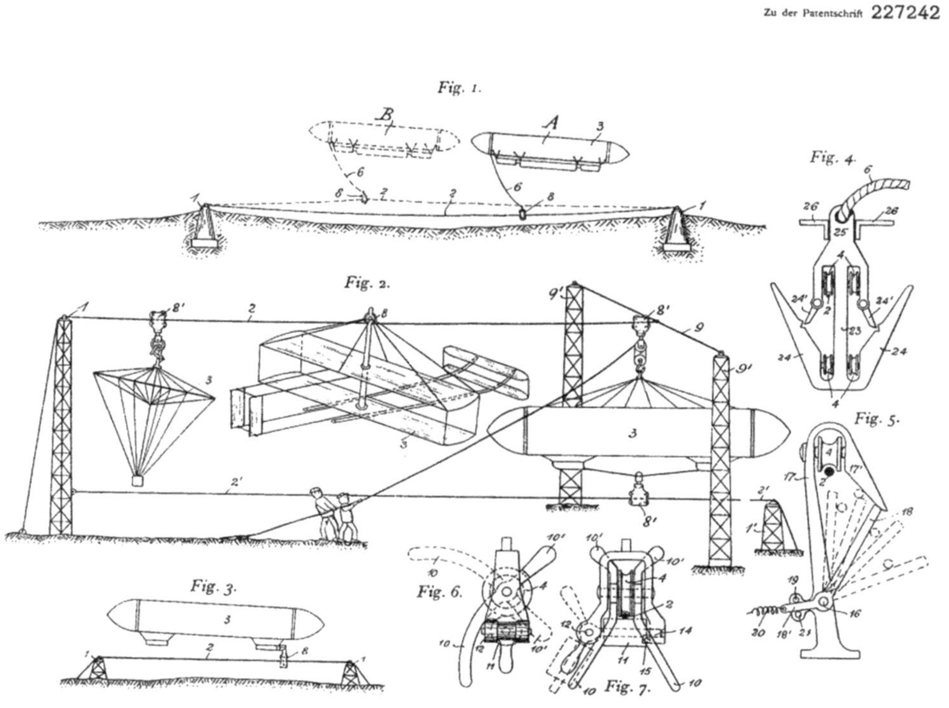

Abb. 6.18 Fig. 1 bis 7 der DE227242 (DPMA, https://depatisnet.dpma.de/DepatisNet/depatisnet?action=pdf&docid=DE000000227242A&xxxfull=1, abgerufen am 22.3.2025.)

6.17 Luftschiff mit schwenkbaren Auftriebskörpern

Das Patent DE 222177, das am 27. Oktober 1908 erteilt wurde, beschreibt ein Luftschiff dessen Auftriebskörper geschwenkt werden können. Typischerweise weist das erfindungsgemäße Luftschiff zwei zigarrenförmige Auftriebskörper auf, die um ihre Mittelachse gedreht werden können, wodurch das Luftschiff in der Ebene steuerbar ist.

Der Hauptanspruch lautet:

> „Luftschiff mit verstellbaren Teilen, dadurch gekennzeichnet, daß die verstellbaren Endteile um ihre Mitte drehbar gelagert sind.“[27]

Die Abb. 6.19 zeigt in den Fig. 1 und 2 das Drehen der Auftriebskörper. Durch das Drehen der Auftriebskörper soll ein Steuern des Luftschiffs in der Ebene ermöglicht werden.

Bei der technischen Lehre des Patents werden die Auftriebskörper gedreht, um eine horizontale Lenkung zu erreichen. Die motorgetriebenen Propeller bleiben starr. In der

[27] DPMA, https://depatisnet.dpma.de/DepatisNet/depatisnet?action=pdf&docid=DE000000222177A&xxxfull=1, abgerufen am 31.3.2025.

Fig. 1.

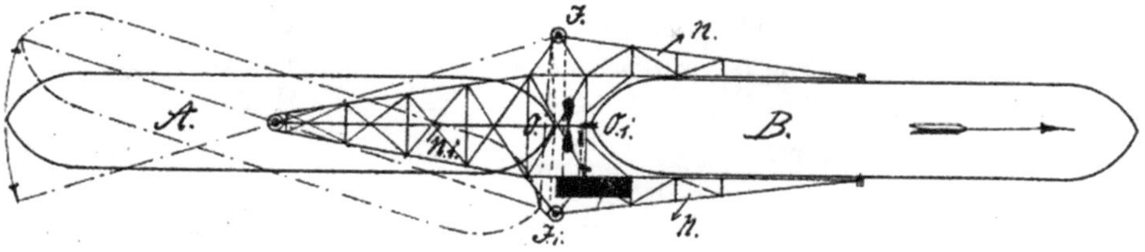

Fig. 2.

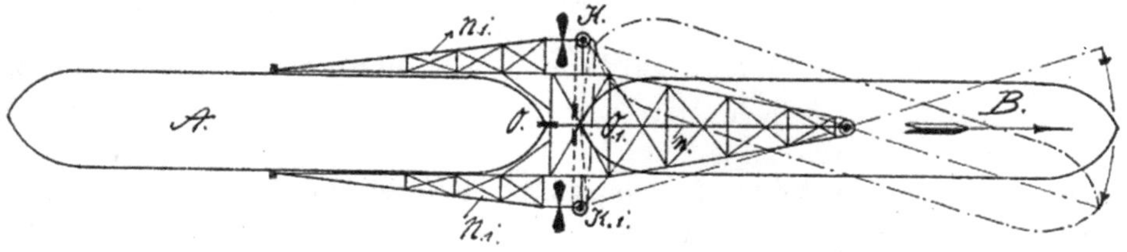

Fig. 3.

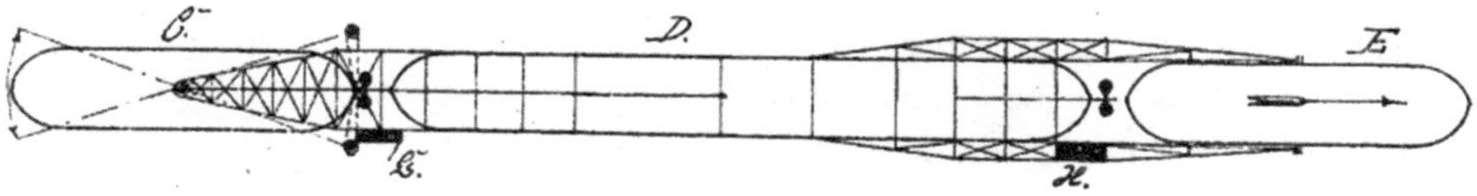

Fig. 4.

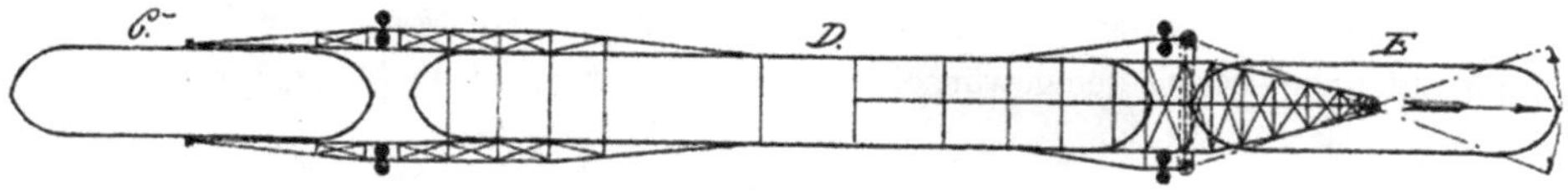

Abb. 6.19 Fig. 1 bis 4 der DE222177 (DPMA, https://depatisnet.dpma.de/DepatisNet/depatisnet?action=pdf&docid=DE000000222177A&xxxfull=1, abgerufen am 22.3.2025.)

technologischen Fortentwicklung hat sich gerade das Gegenteil durchgesetzt, nämlich dass die Propeller gedreht werden, um das Luftschiff nach links oder rechts zu lenken, und der voluminöse Auftriebskörper nicht bewegt wird. Vorteilhafterweise muss hierzu keine aufwendige Mechanik zum Drehen der Auftriebskörper eingesetzt werden. Ein weiterer Vorteil drehbarer Propeller ist die Tatsache, dass durch nach oben oder unten richten der Propeller auch ein Auf- und Absteigen erzielt wird. Außerdem erfordert das Drehen bzw. Bewegen eines voluminösen Auftriebskörpers mit seinem hohen Luftwiderstand eine große Kraft, wodurch ein schlechter Wirkungsgrad nahezu garantiert ist. Das Bewegen der Auftriebskörper zum Steuern hat sich daher als Irrweg erwiesen.

6.18 Vorrichtung zum Abwerfen von Bomben

Das Patent DE 216374, das am 14. November 1908 erteilt wurde, beschreibt eine „Vorrichtung zum Auswerfen von Explosivgeschossen aus den Gondeln von Luftschiffen“[28] (Titel der Patentschrift).

Der Hauptanspruch lautet:

> „Vorrichtung zum Auswerfen von Explosivgeschossen aus den Gondeln von Luftschiffen, dadurch gekennzeichnet, daß an einem mittels Kurbel (7) und Kegelgetriebe (5, 6) schwenkbaren Ausleger (8, 9), welcher auf dem Arme (9) ein Gegengewicht trägt, ein Ring (10) befestigt ist, welcher mit dem federbelasteten, mittels der Auslösevorrichtung (14, 15, 17, 18) auszulösenden Schieber (11) das auszuwerfende Explosivgeschoß (19) trägt.“[29]

Der Anspruch beschreibt ein Kegelgetriebe. Ein Kegelradgetriebe dient der Übertragung von Drehbewegungen, wobei die Achsen der An- und Abtriebswellen in aller Regel senkrecht zueinander angeordnet sind.

Die Abb. 6.20 stellt das Funktionsprinzip eines Kegelradgetriebes dar, wobei zwei kegelstumpfförmige Zahnräder ineinander greifen und dadurch eine Drehbewegung übertragen. Das antreibende Kegelrad wird als Ritzel bezeichnet.

Die Abb. 6.21 zeigt eine Kurbel 7, die das Kegelgetriebe 5, 6 antreibt, wodurch eine Schwenkbewegung des Auslegers 8 ermöglicht wird. Wird mit dem Griff 18 die Schnur 17 heruntergezogen, wird der Schieber 11 zurückgezogen und ein Abschnitt des Rings 10 öffnet sich, wodurch die Bombe 19 zum Abwurf freigegeben wird.

Die Vorrichtung soll einen gezielten Bombenabwurf ermöglichen. Da allerdings Windströmungen den Flug der abgeworfenen Bombe beeinflussen und aus großer Höhe mit damaliger Technik nur schwer konkrete Ziele ausgemacht werden konnten, stellt diese Vorrichtung an einem Punkt des Bombenabwurfs eine genaue Einstellmöglichkeit dar, deren Exaktheit durch nachfolgende Faktoren wieder zunichte gemacht wird. Die Vorrichtung ist daher recht kompliziert, ohne dass sie den gewünschten Effekt eines genauen Treffers garantieren kann.

6.19 Luftschiff mit Luftschacht und Luftballonett

Das Traggas in einem Auftriebskörper eines Luftschiffs hat in unterschiedlichen Höhen eine unterschiedliche Volumenausdehnung. Um bei halbstarren oder Pralluftschiffen sicherzustellen, dass der Auftriebskörper konstant ausgedehnt ist, kann mit einem ballonartigen Luftsack im Innern des Auftriebskörper, einem sogenannten Ballonett, für einen Ausgleich der Volumenänderung gesorgt werden. Insbesondere bei Prallluftschiffen, die

[28] DPMA, https://depatisnet.dpma.de/DepatisNet/depatisnet?action=pdf&docid=DE000000216374A&xxxfull=1, abgerufen am 8.4.2025.

[29] DPMA, https://depatisnet.dpma.de/DepatisNet/depatisnet?action=pdf&docid=DE000000216374A&xxxfull=1, abgerufen am 30.3.2025.

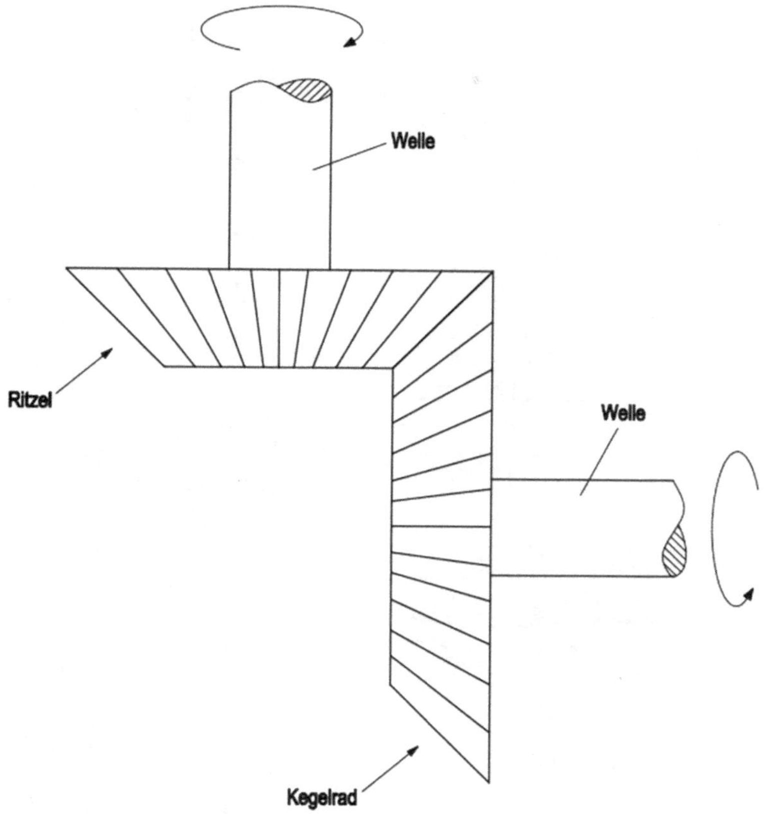

Abb. 6.20 Kegelradgetriebe

kein starres, inneres Gerüst aufweisen, ist mit zusätzlichen Mitteln, beispielsweise Ballonetts, für eine konstante Form des Auftriebskörpers zu sorgen.

Das Patent DE 241498, das am 26. Februar 1909 erteilt wurde, beschreibt ein Luftschiff, das die Gefahr durch eine Entzündung durch die Anordnung eines Luftschachts und eines Luftballonetts ausschließt. Hierzu wird der Luftschacht dazu genutzt, abgelassene heiße Gase durch ihn hindurch zu führen, wobei das Luftballonett um den Luftschacht angeordnet ist und ein nicht entflammbares Gas enthält. Dem Luftballonett wird daher in dieser Patentschrift neben dem Volumenausgleich zusätzlich eine sicherheitstechnische Aufgabe zugewiesen.

Der Hauptanspruch des Patents lautet:

> „Lenkbares Luftschiff mit Luftschacht und Luftballonett, dadurch gekennzeichnet, daß das Luftballonett zur Vermeidung der Explosionsgefahr unmittelbar den Luftschacht umschließt."[30]

[30] DPMA, https://depatisnet.dpma.de/DepatisNet/depatisnet?action=pdf&docid=DE000000241498A&xxxfull=1, abgerufen am 28.3.2025.

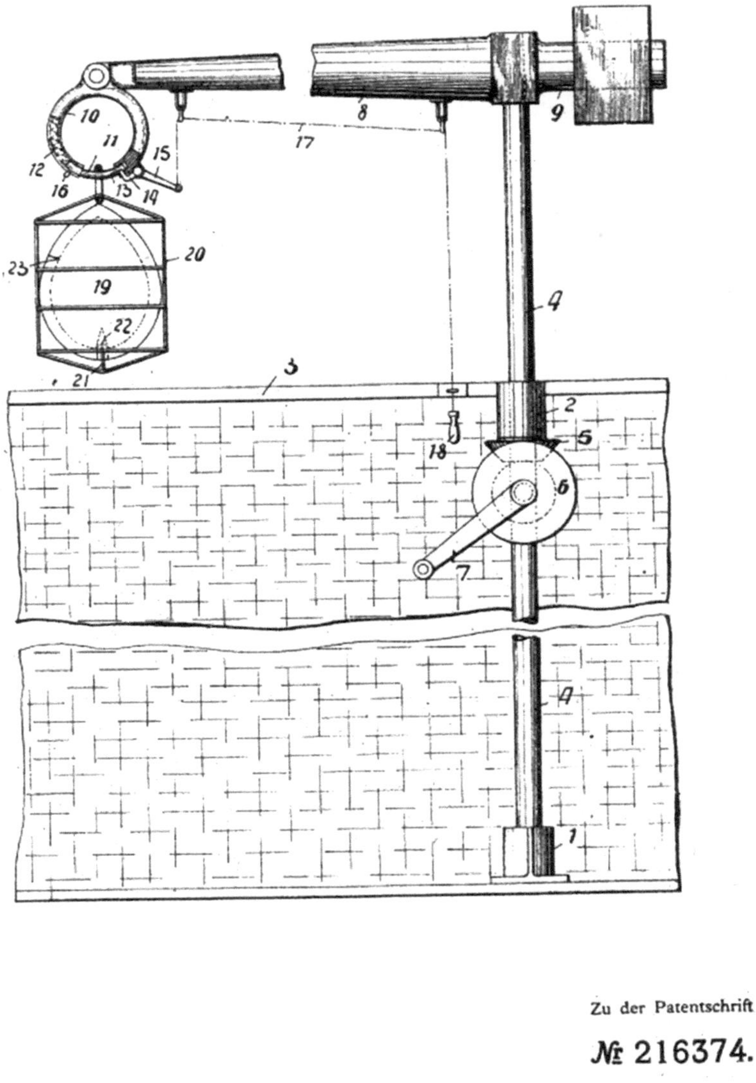

Abb. 6.21 Figur der DE216374 (DPMA, https://depatisnet.dpma.de/DepatisNet/depatisnet?action=pdf&docid=DE000000216374A&xxxfull=1, abgerufen am 22.3.2025.)

Die Abb. 6.22 zeigt das erfindungsgemäße Luftschiff mit dem Auftriebskörper B. In den Fig. 1 und 3 ist der Luftschacht C und das Ballonett B´ dargestellt, das den Luftschacht C umschließt.

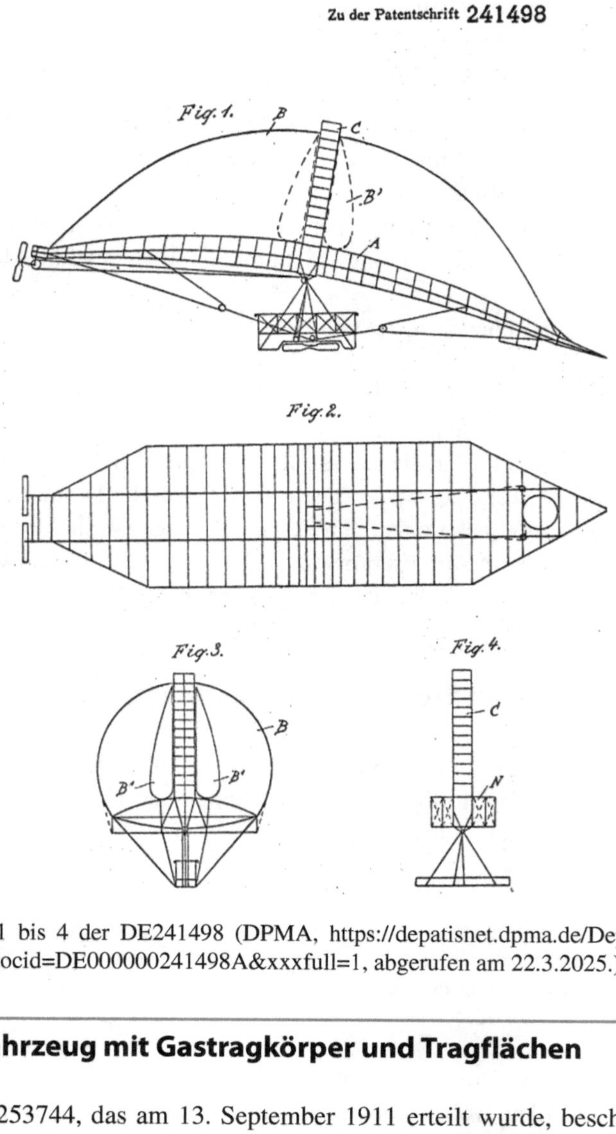

Abb. 6.22 Fig. 1 bis 4 der DE241498 (DPMA, https://depatisnet.dpma.de/DepatisNet/depatisnet?action=pdf&docid=DE000000241498A&xxxfull=1, abgerufen am 22.3.2025.)

6.20 Luftfahrzeug mit Gastragkörper und Tragflächen

Das Patent DE 253744, das am 13. September 1911 erteilt wurde, beschreibt ein Luftschiff, das zwei parallel angeordnete länglich ausgeformte Ballons aufweist, die den Rumpf des Flugapparats einschließen.

Der Hauptanspruch des Patents lautet:

„Luftfahrzeug mit zwischen Gastragkörpern angeordneten Tragflächen, dadurch gekennzeichnet, daß je zwei die Tragflächen einschließende Einzeltragkörper derart mit den Tragflächen in Verbindung stehen, daß sie um eine Längsmittelachse schwingen können."[31]

In dem Anspruch wird beschrieben, dass die Anordnung mit den zwei Auftriebskörpern um die Längsmittelachse des Luftschiffes schwingen bzw. pendeln kann, ohne dass dadurch die Stabilität des Luftschiffs beeinträchtigt wird.

Die Abb. 6.23 zeigt das erfindungsgemäße Luftschiff, das derart ausgebildet ist, dass ein Schwingen oder Pendeln der Ballons c nicht die Stabilität des Luftschiffs beeinträchtigen kann.

Das Patent beschreibt eine dreigeteilte Struktur mit zwei Auftriebskörpern und einem Mittelteil. Nachteilig dabei ist, dass der Mittelteil beim Landen erst durch eine Leiter erreichbar ist, da die voluminösen Auftriebskörper einen Bodenkontakt des Plateaus des Mittelteils verhindern. Außerdem stellen zwei parallele Auftriebskörper eine erhöhte Unbeweglichkeit des Luftschiffs dar, die dieses aufgrund des hohen Luftwiderstands des Auftriebskörpers ohnehin bereits aufweist. Zudem wird durch die Dreiteilung der mechanische Aufbau sehr komplex insbesondere im Vergleich zu der Zweiteilung eines Zeppelins, der einen zigarrenförmigen Auftriebskörper und angehängte Gondeln aufweist. Die patentgeschützte Lehre der DE 253744 konnte sich daher nicht durchsetzen.

6.21 Luftschiff mit an Stoffbahnen angehängten Gondeln

Das Patent DE 270478, das am 19. September 1912 erteilt wurde, beschreibt ein Luftschiff, dessen Gondeln mit Stoffbahnen statt mit Seilen und Netzen verbunden sind, die um den Auftriebskörper gelegt sind.

Der Hauptanspruch lautet:

„Luftschiff mit an Stoffbahnen aufgehängten Gondeln, dadurch gekennzeichnet, daß die Stoffbahnen gegen den Ballonbauch abgestützt sind, so daß der in der Ballonhülle herrschende Innendruck bzw. das Gewicht des auf den Stützen ruhenden Hüllenteils zur Spannung der Stoffbahnen ausgenutzt wird."[32]

Die technische Lehre der Erfindung kann sehr gut anhand der Zeichnungen der Patentschrift verstanden werden, wobei Stoffbahnen um den Auftriebskörper gespannt sind und die daran angehängten Gondeln gegen den Bauch des Auftriebskörpers gepresst werden,

[31] DPMA, https://depatisnet.dpma.de/DepatisNet/depatisnet?action=pdf&docid=DE000000253744A&xxxfull=1, abgerufen am 31.3.2025.

[32] DPMA, https://depatisnet.dpma.de/DepatisNet/depatisnet?action=pdf&docid=DE000000270478A&xxxfull=1, abgerufen am 31.3.2025.

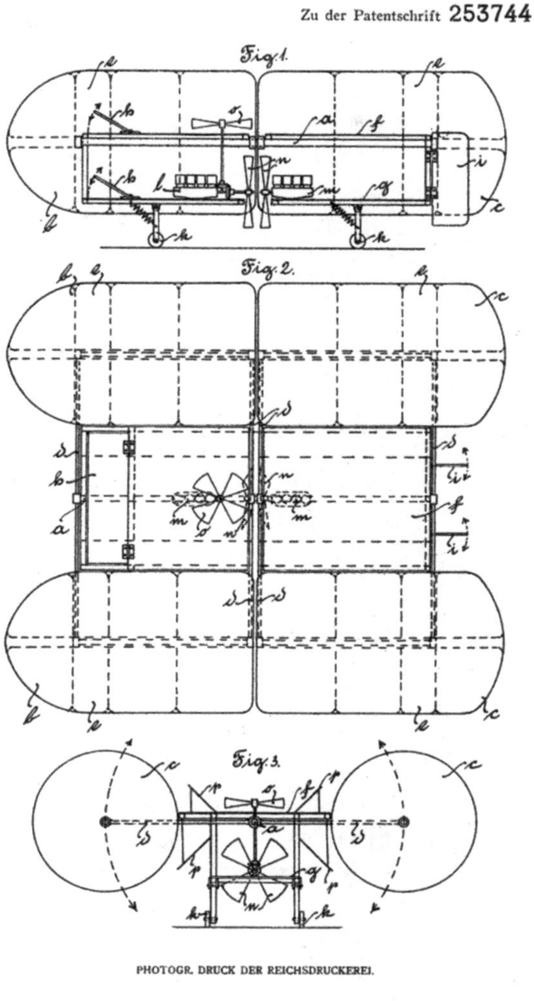

Abb. 6.23 Fig. 1 bis 3 der DE253744 (DPMA, https://depatisnet.dpma.de/DepatisNet/depatisnet?action=pdf&docid=DE000000253744A&xxxfull=1, abgerufen am 22.3.2025.)

sodass die Stoffbahnen unter Spannung gehalten werden und der Innendruck in dem Auftriebskörper konstant gehalten wird.

Die Abb. 6.24 zeigt das erfindungsgemäße Luftschiff mit den Gondeln 1 und Druckstangen 3, die an Trägern 4 derart befestigt sind, dass sie in den Auftriebskörper gepresst werden, um die Stoffbahnen um den Auftriebskörper unter Spannung zu halten und einen sicheren Halt für die Gondeln 1 sicherzustellen. Außerdem kann durch diese Anordnung der Innendruck in dem Auftriebskörper konstant gehalten werden.

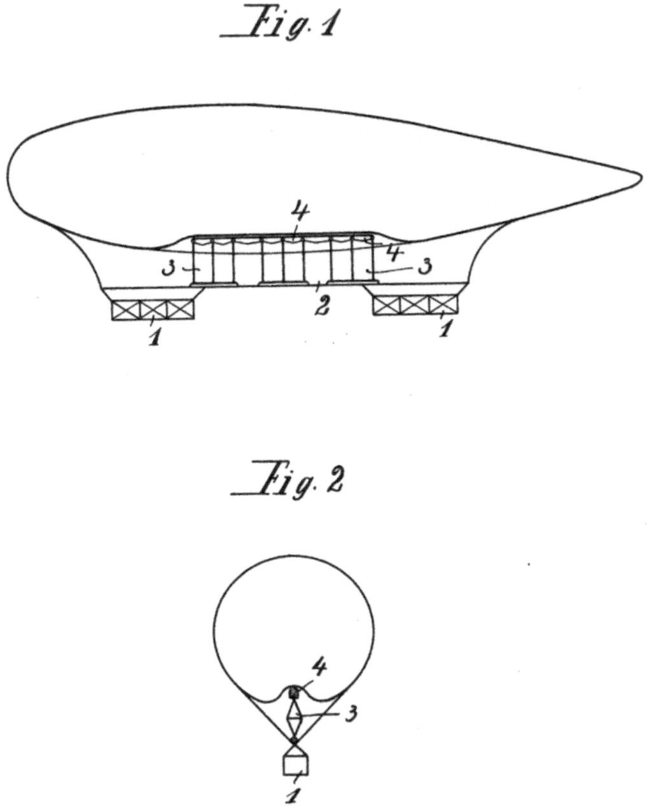

Abb. 6.24 Fig. 1 und 2 der DE270478 (DPMA, https://depatisnet.dpma.de/DepatisNet/depatisnet?action=pdf&docid=DE000000270478A&xxxfull=1, abgerufen am 22.3.2025.)

Die technische Lehre des Patents DE 270478 stellt eine alternative Ausführungsform der Befestigung von Gondeln an Auftriebskörpern dar. Welche konkrete Ausführungsform jeweils zu bevorzugen ist, ergibt sich aus der konkreten technischen Aufgabenstellung. Zusätzlich offenbart das Patent das Einquetschen im unteren Bereich des Ballons zur Stabilisierung der Gondelbefestigung. Dieser Vorschlag widerspricht dem Konzept der starren Ausführung der Auftriebskörper mit Innenskeletten und konnte sich nicht durchsetzen.

7 Flugzeuge

Ein Flugzeug hat im Gegensatz zu einem Luftschiff keinen Auftriebskörper, der ein Medium enthält, das leichter als Luft ist. Ein Flugzeug benötigt einen Antriebsmotor, um mittels dynamischen Auftriebs zu fliegen.

Ein dynamischer Auftrieb wird dadurch erzeugt, dass durch eine Tragfläche die Luftströmung derartig verändert wird, dass die Tragfläche Luft nach unten drückt und damit einen Auftrieb nach oben erfährt.

Die Abb. 7.1 illustriert das Prinzip des dynamischen Auftriebs.

Flugzeuge benötigen leistungsstarke Motoren, um einen ausreichenden dynamischen Auftrieb zu erzeugen. Mit dem Auftreten leistungsstarker Motoren Anfang des 20. Jahrhunderts konnten die Flugzeuge ihren Vorteil einer hohen Reisegeschwindigkeit und Zuverlässigkeit ausspielen und verdrängten die zuvor den Luftraum beherrschenden Luftschiffe vollständig.[1]

7.1 Vorrichtung zum Heben von Lasten

Das Patent DE 79446, das am 12. April 1894 erteilt wurde, beschreibt ein „Verfahren und Vorrichtung, um Lasten in die Luft zu heben bezw. zu fliegen".[2] Hierbei soll durch eine Dampfmaschine heiße Gase erzeugt werden, die einem Flugapparat über Schläuche derart zugeführt werden, dass sie dessen Tragflächen Auftrieb verschaffen.

Die Abb. 7.2 zeigt die Fig. 1, die das Prinzip der Erfindung verdeutlicht, bei der eine Dampfmaschine heiße Gase erzeugt, die über einen Schlauch unter die Flügel eines

[1] Wikipedia, https://de.wikipedia.org/wiki/Geschichte_der_Luftfahrt, abgerufen am 25.5.2025.

[2] DPMA, https://depatisnet.dpma.de/DepatisNet/depatisnet?action=pdf&docid=DE000000079446A&xxxfull=1, abgerufen am 4.4.2025.

T. H. Meitinger, *Tops und Flops. Hightech in Patenten*,
https://doi.org/10.1007/978-3-662-71855-1_7

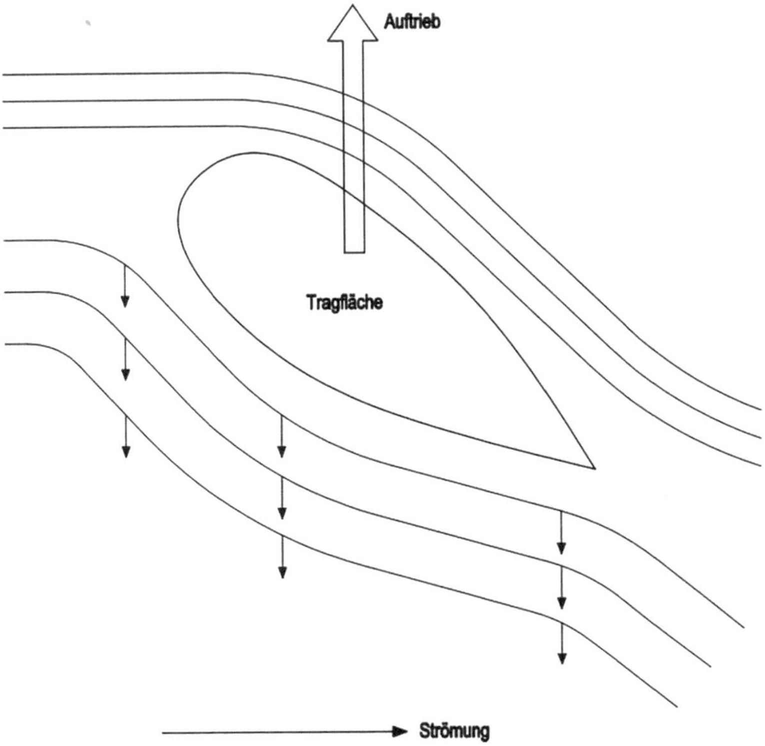

Abb. 7.1 Prinzip des dynamischen Auftriebs

Flugapparats geleitet werden. Hierdurch kann ein Auftrieb erzeugt werden, der zum Schweben des Flugapparats führt.

Die technische Lehre des Patents kann als ein Versuch aufgefasst werden, das Prinzip von Luftschiffen, die Auftrieb durch leichte Gase nutzen, auf ein Flugzeug zu übertragen. Allerdings bietet ein Flugzeug keine Möglichkeit des Aufnehmens und Bevorratens von leichten Gasen, weswegen das Prinzip des statischen Auftriebs nicht in wirtschaftlicher Weise auf Flugzeuge anwendbar ist. Stattdessen ist ein kontinuierlicher Strom heißer Gase an die Unterseite der Tragflächen des Flugzeugs erforderlich, was einen enormen Aufwand erfordert und einer Energieverschwendung gleichkommt. Die technische Lehre des Patents ist daher ineffizient und nicht praxistauglich.

7.2 Absprungvorrichtung für Flugmaschinen

Das Patent DE 86289, das am 6. März 1895 erteilt wurde, beschreibt eine Vorrichtung, mit der ein Hochspringen eines Flugapparats ermöglicht wird, sodass der Flugapparat eine ausreichende Anfangshöhe zum Starten der Flugbewegung gewinnt.

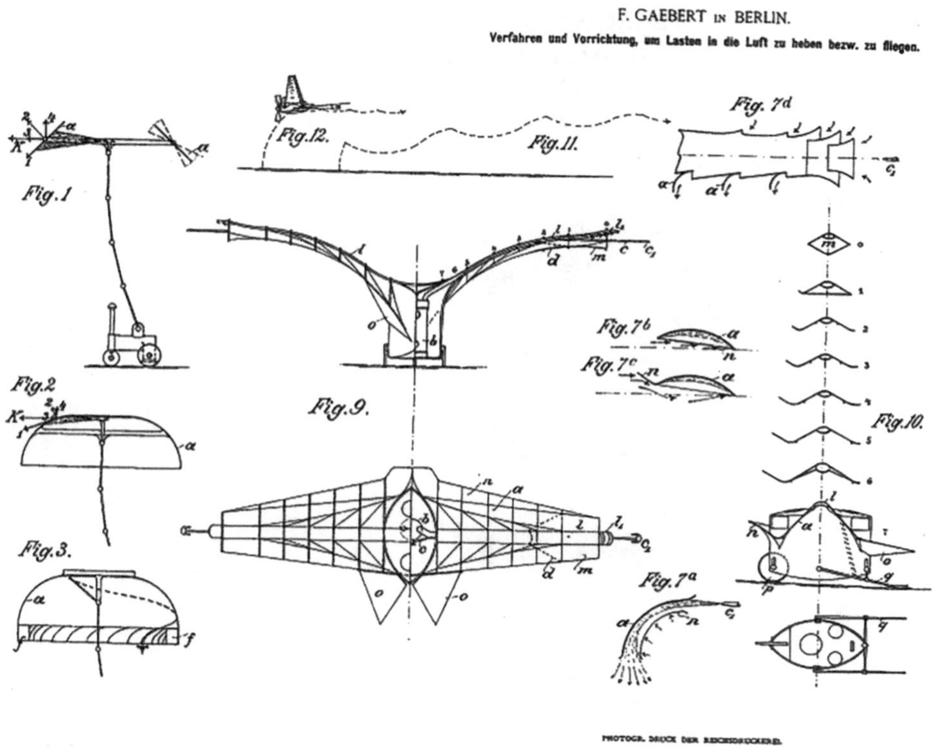

Abb. 7.2 Fig. 1 bis 10 der DE79446 (DPMA, https://depatisnet.dpma.de/DepatisNet/depatisnet?action=pdf&docid=DE000000079446A&xxxfull=1, abgerufen am 22.3.2025.)

Der einzige Anspruch des Patents lautet:

> „Eine Absprungvorrichtung für Flugmaschinen, bestehend aus von der Maschine mitgeführten, rasch auslösbaren Motoren (Dampf-, Gas-, Luft-, Federmotoren u. dergl.), welche direct oder durch Vermittelung von am Boden bleibenden oder ebenfalls von der Maschine mitgeführten Hebeln, Rädern, Schwungbrettern u. s. w., auf eine feste Unterlage bezw. ein festes Widerlager drückend, in lothrechter, schräger oder waagrechter Richtung der Flugmaschine eine solche Beschleunigung ertheilen, dafs sie die Unterlage verläfst oder eine so geringe Reaction äufsert, dafs sie mit ihren gewöhnlichen Betriebsmitteln weiterfliegen kann.“[3]

Die Abb. 7.3 zeigt in den Fig. 2 bis 4 ein Abspringen der Flugmaschine, wobei ein Dampfzylinder a auf Federn d gelagert ist. Der Dampfzylinder a ist in der Fig. 5 dargestellt. Stößt der Dampfzylinder a über seine Rohre nach unten Dampf aus, erfährt die Flugmaschine einen Impuls nach oben und springt in die Luft.

[3] DPMA, https://depatisnet.dpma.de/DepatisNet/depatisnet?action=pdf&docid=DE000000086289A&xxxfull=1, abgerufen am 3..4.2025.

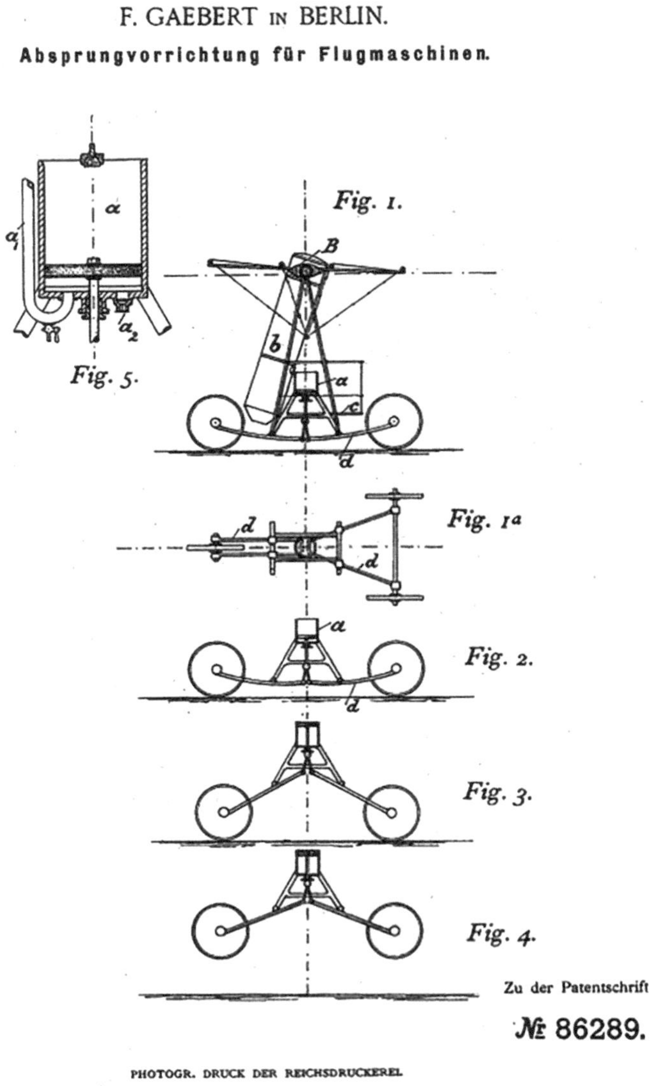

Abb. 7.3 Fig. 1 bis 5 der DE86289 (DPMA, https://depatisnet.dpma.de/DepatisNet/depatisnet?action=pdf&docid=DE000000086289A&xxxfull=1, abgerufen am 22.3.2025.)

Eine Absprungvorrichtung für Flugzeuge weist erhebliche Nachteile auf. Die Absprungvorrichtung muss große Kräfte entfalten, um das schwere Flugzeug in die Luft zu heben. Der Effekt wäre relativ gering, da nur eine geringe Höhe erreicht wird. Außerdem muss das Flugzeug den hohen mechanischen Belastungen standhalten, die sich bei einem derartigen „Katapult-Start“ ergeben. Ein weiterer Nachteil ist, dass das Flugzeug die erfindungsgemäße Vorrichtung mitführt und damit schwer ist. Es ist auch kein klarer Vorteil erkennbar, denn wenn die Motoren einen ausreichenden dynamischen Auftrieb erzeugen können, um zu fliegen, sind sie auch leistungsstark zum Starten. Die erfindungsgemäße Absprungvorrichtung konnte sich daher nicht durchsetzen und floppte.[4]

7.3 Fluggerät mit schwingenden Flügeln

In den Anfangszeiten der Fliegerei orientierte man sich an den Flugbewegungen von Vögeln, die mit ihren Flügeln Luft nach unten drücken und deren Flügel in einer Bewegung nach oben geschlossen sind, um den Luftwiderstand zu verringern. Moderne Flugzeuge haben im Gegensatz dazu eine starre Flügelanordnung. Die Nachahmung der Flugbewegungen von Vögeln konnte sich nicht durchsetzen, obwohl erhebliche Anstrengungen und Experimente in diese Richtung unternommen wurden.

Erhebliche technische Probleme ergeben sich bereits dadurch, dass die Flügel beweglich sein müssen. Hierdurch wird eine ausgefeilte Mechanik erforderlich, die zudem zuverlässig funktionieren muss, da ansonsten Absturzgefahr besteht. Zudem können schwingende Flügel zu Resonanzen und Flattern führen, was das Flugzeug strukturell belasten und einen Absturz provozieren kann.[5] Das Konzept schwingender Flügel musste bereits wegen der hohen mechanischen Belastung der Flügel aufgegeben werden.[6]

Das Patent DE 85688, das am 3. Mai 1895 erteilt wurde, beschreibt eine „Flugmaschine mit zu beiden Seiten des Fahrzeuges angeordneten Flügeln mit um Querachsen schwingende Blätter tragenden Wellen“[7] (Titel der Patentschrift). Die Patentschrift beschreibt ein Fluggerät mit um die Längsachse bewegliche Tragflächen, die bei einer Bewegung nach unten nahezu waagrecht aufgespannt sind und die Luft nach unten drücken können und bei einer Bewegung nach oben geneigt werden, damit sie bei der Aufwärtsbewegung einen nur geringen Luftwiderstand darstellen.

Der Hauptanspruch lautet:

> „Eine Flugmaschine mit zu beiden Seiten des Fahrzeuges angeordneten Flügeln mit um Querachsen schwingende Blätter tragenden Wellen, dadurch gekennzeichnet, dafs die Blätter parallel angeordnet, excentrisch auf ihren Achsen befestigt sind und bei ihrer Abwärtsbewegung in einer bestimmten Neigung eingestellt werden, so dafs sie einen Druck auf die Luft ausüben, während sie bei ihrer Aufwärtsbewegung von dem Einstellmechanismus freigegeben werden, so dafs sie eine Stellung einnehmen können, die beim Durchschneiden der Luft den geringsten Widerstand bietet.“[8]

---

[4] Hochschule für angewandte Wissenschaften Hamburg, https://www.fzt.haw-hamburg.de/pers/Scholz/materialFS/FS_Skript_6-Flugsteuerung.pdf, abgerufen am 25.5.2025.

[5] Wikipedia, https://de.wikipedia.org/wiki/Flattern_(Luftfahrt), abgerufen am 25.5.2025.

[6] Wikipedia, https://de.wikipedia.org/wiki/Anstellwinkelschwingung, abgerufen am 25.5.2025.

[7] DPMA, https://depatisnet.dpma.de/DepatisNet/depatisnet?action=pdf&docid=DE000000085688A&xxxfull=1, abgerufen am 8.4.2025.

[8] DPMA, https://depatisnet.dpma.de/DepatisNet/depatisnet?action=pdf&docid=DE000000085688A&xxxfull=1, abgerufen am 2.4.2025.

Die Abb. 7.4 zeigt in der Fig. 1 eine Draufsicht auf ein erfindungsgemäßes Flugzeug mit dem Rumpf A, an dem Arme B angeordnet sind. Außerdem sind Flügel C vorhanden, die über Wellen D, die von einem Motor angetrieben werden, in gleichmäßige Umdrehung

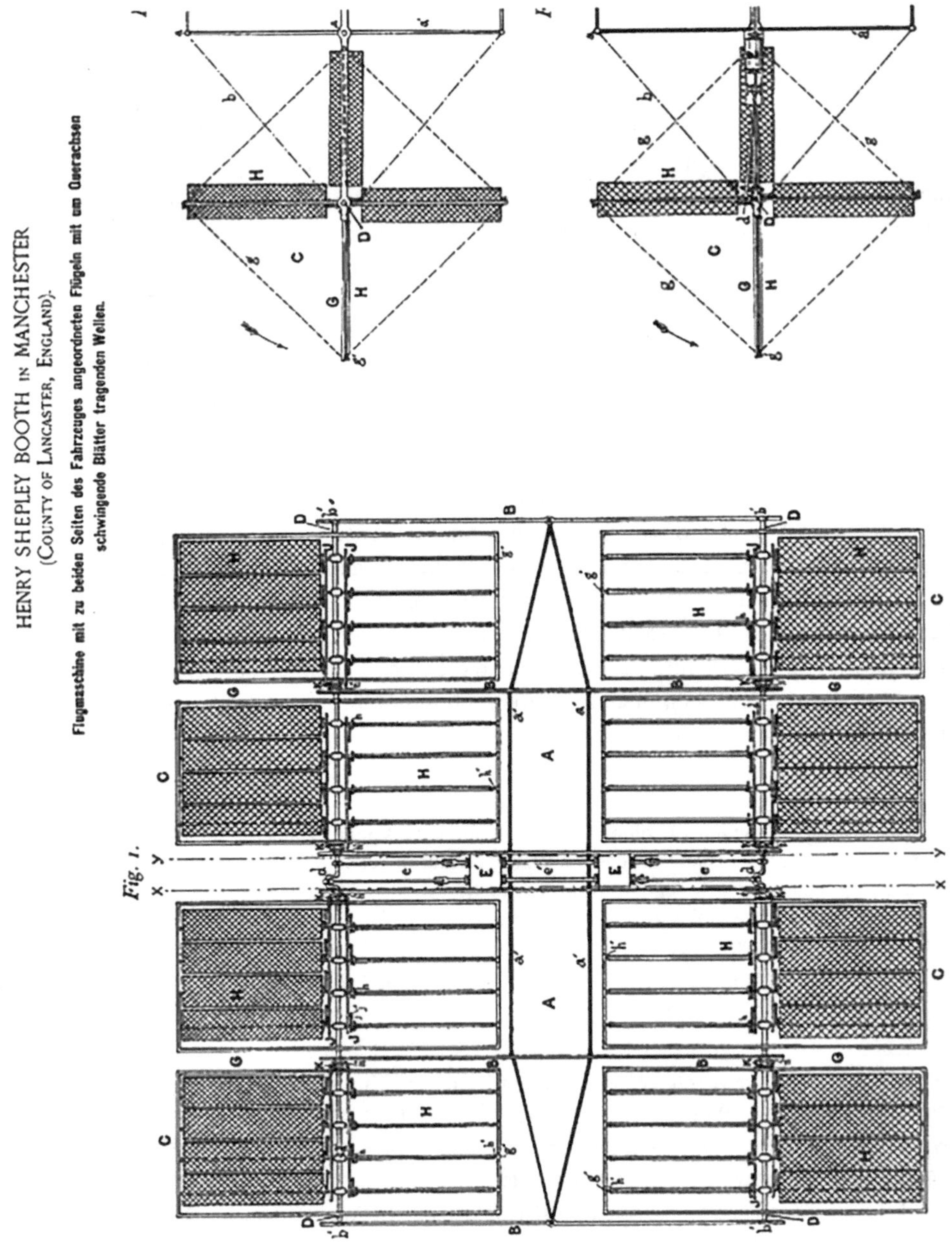

Abb. 7.4 Fig. 1 der DE85688 (DPMA, https://depatisnet.dpma.de/DepatisNet/depatisnet?action=pdf&docid=DE000000085688A&xxxfull=1, abgerufen am 22.3.2025.)

versetzt werden. Hierdurch soll durch ein „Schaufeln“ ein Auftrieb und eine Vorwärtsbewegung erzeugt werden.

7.4 Drachen zum Heben von Lasten

Das Patent DE 88995, das am 14. Januar 1896 erteilt wurde, zeigt eine Vorrichtung zum Aufsteigen einer Last bzw. einer Person, sodass die Person eine Übersicht über die Umgebung erhält.

Der einzige Anspruch lautet:

> „Drachen zum Heben von Lasten, welche letzteren an der Drachenleine c hängen, die über eine mit dem Drachen verbundene Rolle b geführt ist.“[9]

Die Abb. 7.5 zeigt den Drachen a, der die Last d in die Luft heben kann.

„Lasten-Drachen“ sind durchaus praktikabel und zeichnen sich durch eine einfache Technik aus. Nachteilig ist die mangelnde Funktionstüchtigkeit bei geringen Windströmungen und die schwierige Lenkbarkeit, da diese letzten Endes von der Windrichtung abhängt. „Lasten-Drachen“ werden dennoch im industriellen Maßstab genutzt.[10]

7.5 Luftschraube

Das Patent DE 129704, das am 24. Februar 1901 erteilt wurde, beschreibt einen Propeller aus Stoff, der durch Gewichte bei Rotation in seine Form gebracht wird. Der Vorteil dabei ist, dass der erfindungsgemäße Propeller durch einen Crash nicht beschädigt wird, da er keine steifen Elemente aufweist.

Der Hauptanspruch lautet:

> „Luftschraube, dadurch gekennzeichnet, dafs die aus losem, zweckmäfsig rauhem Stoff gefertigten, mit Schwunggewichten (f) versehenen und an einem aufserhalb der Achse liegenden Punkt (h) befestigten Flügelflächen (a und b) bei erfolgter Drehung durch die Fliehkraft der Gewichte gespannt werden und sich in Gestalt einer Schraubenfläche einstellen.“[11]

Die Abb. 7.6 zeigt die erfindungsgemäße Luftschraube mit Gewichten f, die bei Rotation den Stoff auseinanderziehen und zur Entfaltung der Flügel führen.

---

[9] DPMA, https://depatisnet.dpma.de/DepatisNet/depatisnet?action=pdf&docid=DE000000088995A&xxxfull=1, abgerufen am 31.3.2025.

[10] SkySails Power GmbH, https://skysails-power.com/, abgerufen am 25.5.2025.

[11] DPMA, https://depatisnet.dpma.de/DepatisNet/depatisnet?action=pdf&docid=DE000000129704A&xxxfull=1, abgerufen am 4.4.2025.

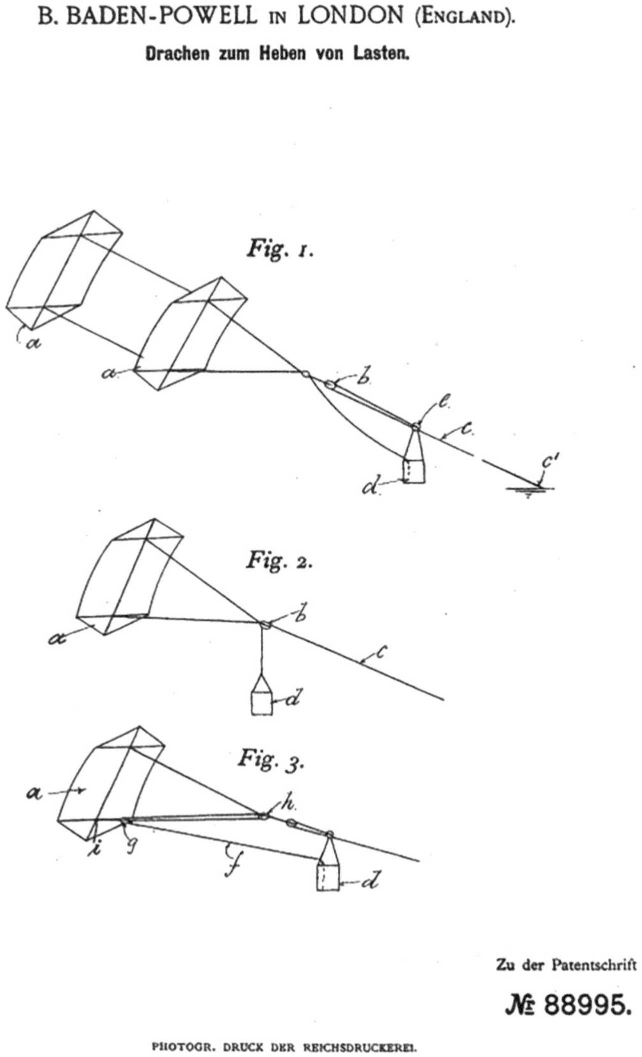

Abb. 7.5 Fig. 1 bis 3 der DE88995 (DPMA, https://depatisnet.dpma.de/DepatisNet/depatisnet?action=pdf&docid=DE000000088995A&xxxfull=1, abgerufen am 22.3.2025.)

Ein Propeller muss eine starre aerodynamische Ausformung aufweisen und hohen mechanischen Belastungen, insbesondere durch den Luftwiderstand und Zentrifugalkräften, trotzen.[12] Diese beiden Kriterien treffen auf einen Propeller aus Stoff nicht zu. Außerdem

[12] Jahr Media GmbH & Co. KG, https://www.fliegermagazin.de/wissen/wie-funktioniert-ein-flugzeug-propeller/, abgerufen am 25.5.2025; Wikipedia, https://de.wikipedia.org/wiki/Propeller, abgerufen am 25.5.2025.

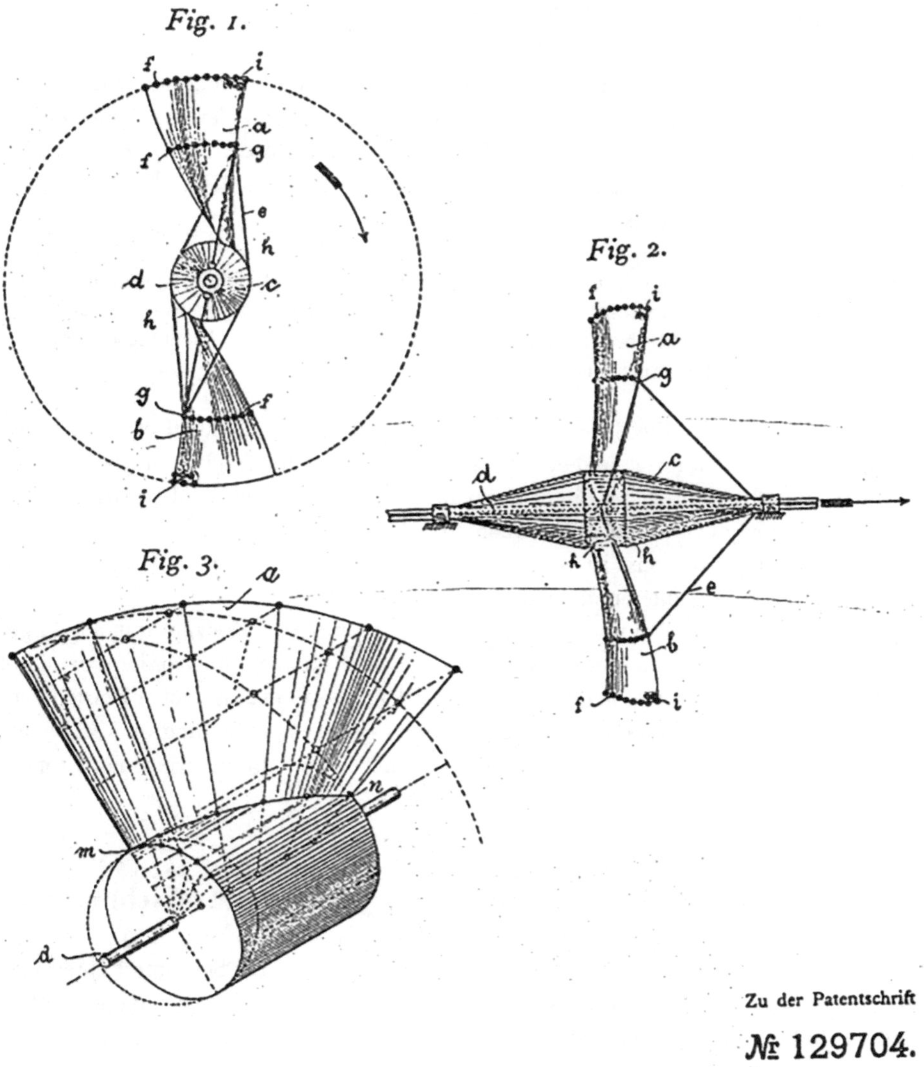

Abb. 7.6 Fig. 1 der 3 der DE129704 (DPMA, https://depatisnet.dpma.de/DepatisNet/depatisnet?action=pdf&docid=DE000000129704A&xxxfull=1, abgerufen am 22.3.2025.)

kann ein Stoff-Propeller zu einem Flattern führen und damit unerwünschte Vibrationen am Flugzeug herbeiführen. Die erfinderische Lehre des Patents kann daher als ein Irrweg bezeichnet werden, die sich in der Praxis nicht bewährte.

7.6 Flugvorrichtung mit Tragschirmen

Das Patent DE 139854, das am 18. März 1902 erteilt wurde, beschreibt eine Flugvorrichtung, die Auftrieb und Steuerung in der Luft durch einen Propeller und Steuersegel erhält. Die Erfindung weist insbesondere Tragschirme auf, die die Antriebsmittel überspannen und dadurch einen gleichmäßigen Antrieb sicherstellen sollen.

Der Hauptanspruch lautet:

> „Flugvorrichtung mit Tragschirmen, bei welcher der Auftrieb und die Fortbewegung durch Flügel und Luftschrauben erfolgt, dadurch gekennzeichnet, daß die Tragschirme einzeln über den Flügeln für sich und über den zur Fortbewegung in senkrechter Richtung dienenden Schrauben für sich angeordnet sind."[13]

Die Abb. 7.7 zeigt in den Fig. 1 und 2 einen Flugapparat für den Handbetrieb, in den Fig. 3 und 4 mit einem Motorantrieb und in der Fig. 5 und 6 mit einem Tragballon, sodass es sich bei den Ausführungsformen der Fig. 5 und 6 um ein Luftschiff handelt. Es wird eine Luftschraube a (Synonym zu Propeller) im oberen Bereich der Flugmaschine angeordnet, über den ein Tragschirm c gespannt ist. Außerdem sind Flügel b vorhanden, mit denen eine Bewegung von oben nach unten und wieder zurück ausgeführt wird.

Die patentgeschützte Erfindung lehrt ein äußerst komplexes Konzept mit schwingenden Flügeln und einem voluminösen Luftkreisel. Dieses Konzept überforderte die damalige Technik und konnte nicht derart realisiert werden, dass ein verlässlicher Betrieb in der Luft gewährleistet war. Bereits aus diesen Gründen war diese Erfindung im Vergleich zu der einfachen Konzeption zweier starrer Flügel mit einem motorbetriebenen Propeller zum Scheitern verurteilt.

7.7 Flugmaschine mit zwei ineinandergreifenden Luftschrauben

Das Patent DE 145547, das am 9. September 1902 erteilt wurde, beschreibt einen Flugapparat, bei dem der Pilot durch Beinarbeit zwei Propeller, die über seinem Kopf angeordnet sind, antreibt. Die beiden Propeller weisen ineinandergreifende Flügel auf.

Der Hauptanspruch lautet:

> „Flugmaschine mit zwei Luftschrauben, deren Flügel ineinandergreifen, dadurch gekennzeichnet, daß der Abstand der Schraubenmittelpunkte kleiner ist als die Länge der Schraubenflügel, deren ungehinderte Drehbewegung ermöglicht wird durch eine entsprechende geneigte Lage der beiden Schraubenwellen, so daß beim Umlauf die Flügel der einen Schraube über das Wellenende der anderen hinwegstreichen."[14]

---

[13] DPMA, https://depatisnet.dpma.de/DepatisNet/depatisnet?action=pdf&docid=DE000000139854A&xxxfull=1, abgerufen am 4.4.2025.

[14] DPMA, https://depatisnet.dpma.de/DepatisNet/depatisnet?action=pdf&docid=DE000000145547A&xxxfull=1, abgerufen am 3.4.2025.

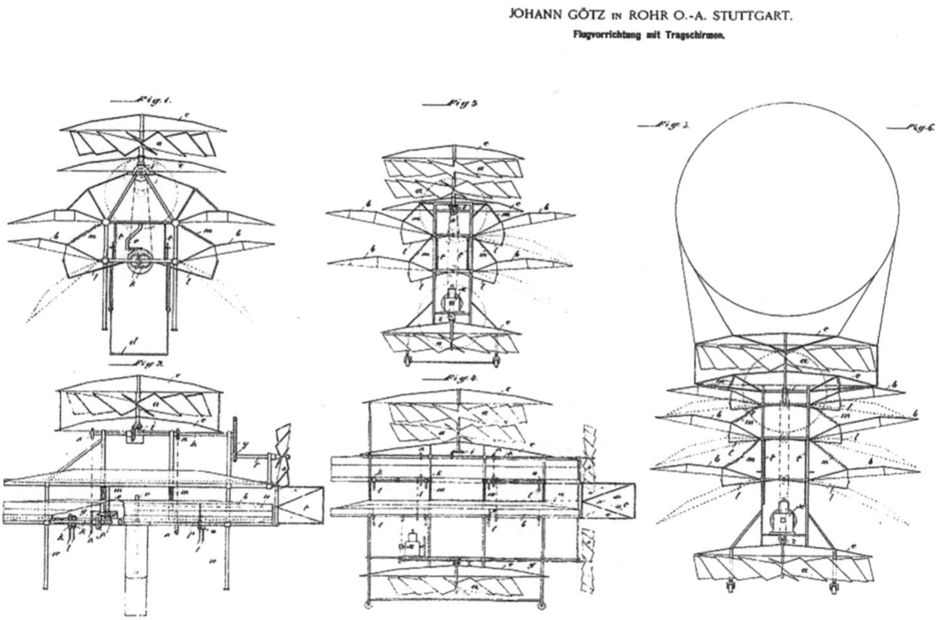

Abb. 7.7 Fig. 1 bis 6 der DE139854 (DPMA, https://depatisnet.dpma.de/DepatisNet/depatisnet?action=pdf&docid=DE000000139854A&xxxfull=1, abgerufen am 22.3.2025.)

Die Abb. 7.8 zeigt in der Fig. 2 die beiden Propeller, die versetzt rotieren und einen Bereich aufweisen, der von beiden Propellern überstrichen wird. Die. Fig. 1 zeigt den Piloten der Flugmaschine, der durch Treten mit den Beinen die Propeller antreibt.

Die Unfallgefahr bei der erfindungsgemäßen Lehre war groß, denn eine mangelnde Synchronizität der Flügel konnte zu einem Verhaken der Flügel führen. Außerdem kann es im Betrieb zu Turbulenzen kommen, da die Luftmassen je nach Prozessablauf in unterschiedlichen Richtungen bewegt werden. Ein Steuern des patentgemäßen Flugzeugs war daher anstrengend. Der Antrieb durch reine Muskelkraft konnte zudem nicht zum Abheben des schweren Fluggeräts genügen.

7.8 Flugapparat mit beweglichen Flügeln

Das Patent DE 173926, das am 28. April 1905 erteilt wurde, zeigt Flügel, die sich eine Person anschnallen kann, wobei durch eine Bewegung der Arme die Flügel bewegt werden, um das Fliegen von Vögeln nachzuahmen.

Der Hauptanspruch lautet:

„Flugapparat mit bei Beugestellung der Arme bewegten Flügeln, dadurch gekennzeichnet, daß das für den Oberarm bestimmte Gelenk der Flügel je aus einem Rahmen (a, b, c, d) be-

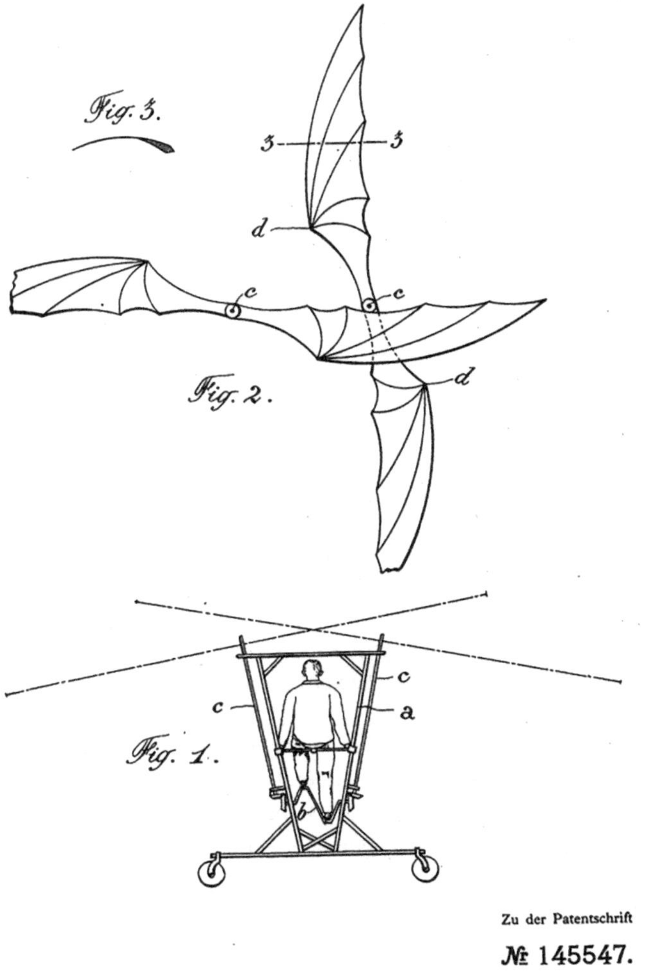

Abb. 7.8 Fig. 1 bis 3 der DE145547 (DPMA, https://depatisnet.dpma.de/DepatisNet/depatisnet?action=pdf&docid=DE000000145547A&xxxfull=1, abgerufen am 22.3.2025.)

steht, bei welchem der der Hand als Stützpunkt dienende Rahmenteil (d) bogenförmig gestaltet und eine als Widerlager für den Ellenbogen bestimmte, zweckmäßig gepolsterte Schüssel (e) vorgesehen ist, zu dem Zwecke, eine feste, jedoch jederzeit leicht lösbare Verbindung der Flügel und Arme zu erreichen."[15]

Die Abb. 7.9 zeigt einen Flügel, den sich eine Person anlegen kann.

[15] DPMA, https://depatisnet.dpma.de/DepatisNet/depatisnet?action=pdf&docid=DE000000173926A&xxxfull=1, abgerufen am 3.4.2025.

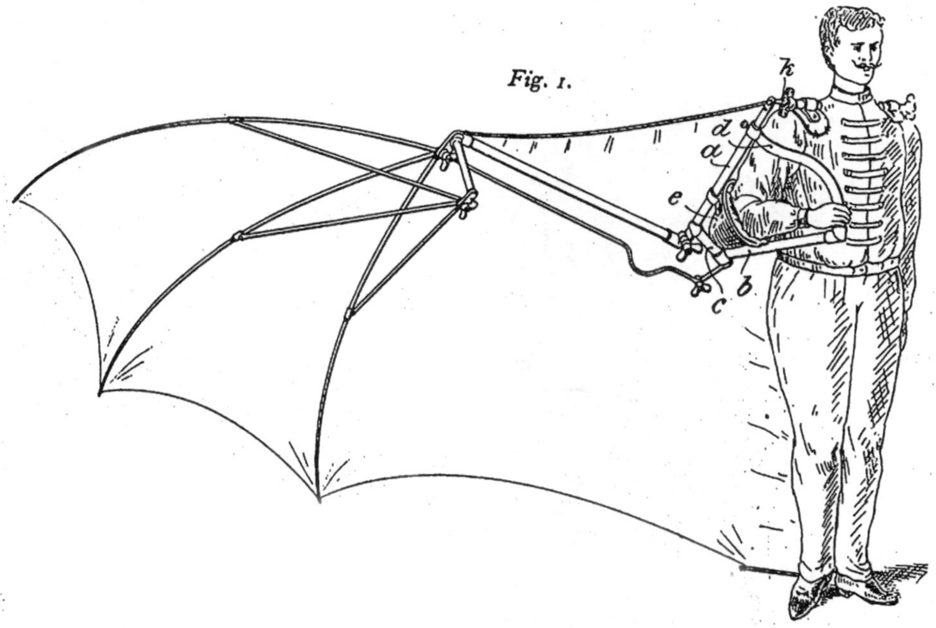

Abb. 7.9 Fig. 1 der DE173926 (DPMA, https://depatisnet.dpma.de/DepatisNet/depatisnet?action=pdf&docid=DE000000173926A&xxxfull=1, abgerufen am 22.3.2025.)

Die menschliche Anatomie ist zum Fliegen nicht geeignet, denn der Mensch ist zu schwer und seine Muskulatur zu schwach, um eigenständig zu fliegen. Das ändert sich auch nicht, wenn man sich Flügel anlegt. Ein Herabgleiten kann noch erreicht werden, ein selbstständiges Aufsteigen in die Luft ist jedoch ausgeschlossen. Die patentgemäße Erfindung erinnert an sogenannte Wingsuits, mit denen halsbrecherische Manöver möglich sind. Bei den Wingsuits ist ein zusätzlicher Fallschirm erforderlich, um eine sanfte Landung zu ermöglichen.[16]

7.9 Flugmaschine mit nachgiebigen Flügeln

Das Patent DE 236835, das am 17. November 1907 erteilt wurde, beschreibt eine Flugmaschine, die bewegliche Flügel aufweist. Die Flügel der Flugmaschine sollen ein „Rudern" durch die Luft ermöglichen, und damit dem Antrieb des Flugapparats dienen.

Die Abb. 7.10 zeigt die Flügel a, die eine Drehbewegung um die Zapfen f und i von oben nach unten und zurück nach oben ausführen.

[16] Wikipedia, https://de.wikipedia.org/wiki/Wingsuit, abgerufen am 25.5.2025.

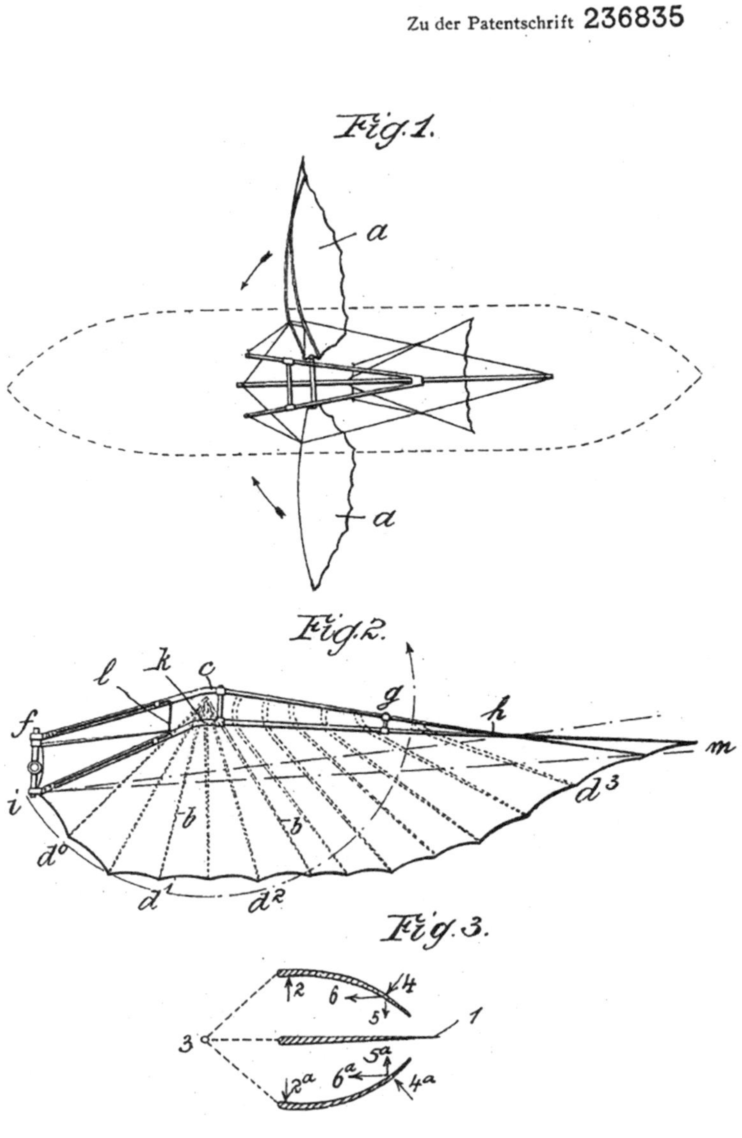

Abb. 7.10 Fig. 1 bis 3 der DE236835 (DPMA, https://depatisnet.dpma.de/DepatisNet/depatisnet?action=pdf&docid=DE000000236835A&xxxfull=1, abgerufen am 22.3.2025.)

Das Rudern durch die Luft mit beweglichen Flügeln hat die mechanischen Möglichkeiten der damaligen Zeit überfordert. Eine Bedingung ist nämlich Zuverlässigkeit, denn in der Luft kann nicht gestoppt werden und eine Reparatur erfolgen. Bereits aus diesen Überlegungen wird klar, dass ein mechanisch kompliziertes Konzept für ein Flugzeug aus Sicherheitsgründen abzulehnen ist.

7.10 Drachenflieger mit Motorrad

Das Patent DE 216182, das am 12. Mai 1908 erteilt wurde, beschreibt einen Flugapparat, wobei ein Motorrad mit einer Tragfläche verbunden ist. Außerdem weist der Flugapparat einen Propeller auf.

Der Hauptanspruch lautet:

> „Drachenflieger mit Motorrad und zwei Propellern, dadurch gekennzeichnet, daß die am hinteren Ende mit einer Steuerschraube (b) ausgerüstete Tragfläche durch zwei Gelenkstangen (c, c^1) mit dem Motorrad verbunden ist, das mittels einer Schraubenspindel (m) zur Tragfläche verschoben werden kann, wobei der Antrieb und die Umsteuerung der Steuerschraube unter Benutzung der Gelenke der hinteren Gelenkstange zur Anbringung der Übertragungsmittel und der Antrieb der vorn angeordneten Antriebsschraube (f) von dem auf dem unteren Gelenk der hinteren Gelenkstange befindlichen Übertragungsmittel aus erfolgen."[17]

Dem Anspruch kann entnommen werden, dass die Erfindung insbesondere Wert auf die Verbindung zwischen der Tragfläche und dem Motorrad legt.

Die Abb. 7.11 zeigt den Flugapparat mit dem Motorrad und dem Propeller f. Mit der Gewindestange m kann die Neigung der Tragflächen verändert werden, wodurch ein Aufsteigen bzw. Landen der Flugmaschine veranlasst werden soll.

Die patentgeschützte Erfindung erinnert an Tom Pagès, der mit einem Gleitschirm geflogen ist, während er auf seinem Motorrad saß. Allerdings trieb das Motorrad keinen Propeller an. Er konnte daher nur einen Berg herabgleiten.[18] Das Beispiel zeigt bereits, dass dieses Konzept ein fahrerisches Können erfordert, das einem Stuntman würdig ist. Die patentgeschützte Erfindung war nicht für den allgemeinen Gebrauch geeignet und floppte.

7.11 Eindecker

Louis Charles Joseph Blériot, geboren am 1. Juli 1872 und gestorben am 2. August 1936, war ein bedeutender französischer Flugzeugkonstrukteur, der mit einem selbstkonstruierten Flugzeug als erster Mensch den Ärmelkanal überflog.[19]

Blériot experimentierte mit Ornithopter und Doppeldecker. Ein Ornithopter, auch als Schwingflügler bezeichnet, ahmt den Vogelflug durch eine Bewegung der Tragflächen

---

[17] DPMA, https://depatisnet.dpma.de/DepatisNet/depatisnet?action=pdf&docid=DE000000216182A&xxxfull=1, abgerufen am 4.4.2025.

[18] Red Bull Media House GmbH, https://www.speedweek.com/motocross/news/227742/Ride-Fly-Per-Motorrad-mit-Gleitschirm-abgehoben.html, abgerufen am 25.5.2025.

[19] Münchner Stadtmuseum, https://sammlungonline.muenchner-stadtmuseum.de/personen?tx_so_displaypersonen%5Bobjekt%5D=2475&tx_so_displaypersonen%5Bperson%5D=1679&cHash=fd48f75e3150ec03321029dce26b06a1, abgerufen am 25.5.2025.

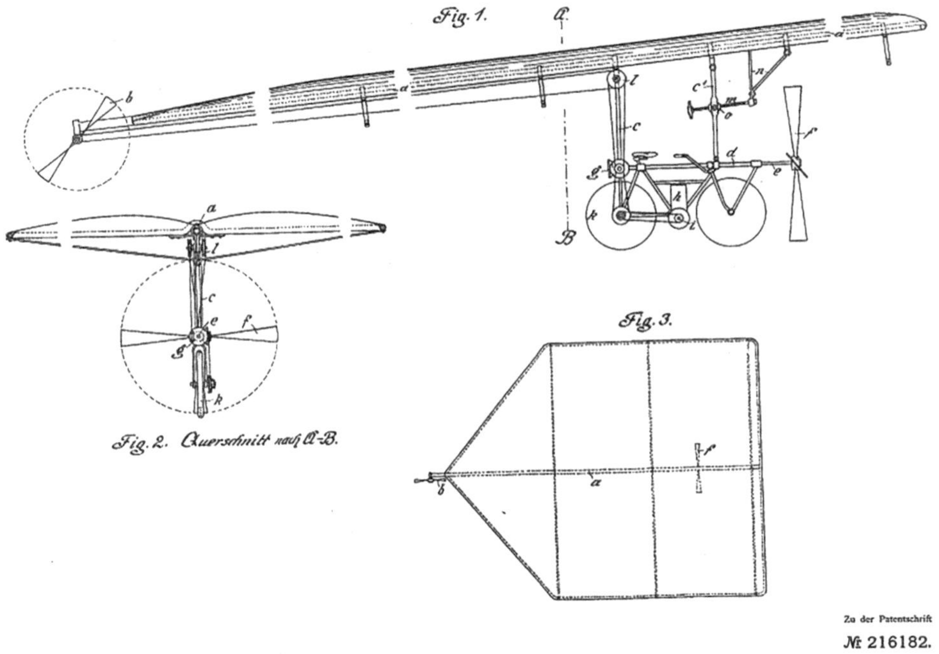

Abb. 7.11 Fig. 1 bis 3 der DE216182 (DPMA, https://depatisnet.dpma.de/DepatisNet/depatisnet?action=pdf&docid=DE000000216182A&xxxfull=1, abgerufen am 22.3.2025.)

nach.[20] Ein Doppeldecker erzeugt auf kleinem Raum einen großen Auftrieb und ist daher wendig und robust bei kleinen Geschwindigkeiten. Allerdings weist ein Doppeldecker im Vergleich zu einem Eindecker einen hohen Luftwiderstand auf, wodurch ein Doppeldecker für hohe Geschwindigkeiten nicht geeignet ist. Doppeldecker werden heutzutage nur noch im Kunstflug eingesetzt.[21] Blériot erkannte bereits damals, dass die Zukunft dem Eindecker mit starren Flügeln und einem motorgetriebenen Propeller gehört und konzentrierte sich auf diese Flugzeug-Variante.[22] Er setzte als erster die heute übliche Steuerung eines Flugzeugs mit einem Joystick ein.[23]

Steuerungsvorrichtung für Flugzeuge

Das Patent DE 226074 wurde am 25. Juli 1908 erteilt und beschreibt eine Steuerungsvorrichtung für Flugzeuge und Luftschiffe. Das Patent zeigt die Anordnung von Höhenrudern, die insbesondere hinten an den Tragflächen angeordnet sind.

[20] Wikipedia, https://de.wikipedia.org/wiki/Ornithopter#:~:text=Ein%20Ornithopter%20(von%20altgriechisch%20%E1%BD%84%CF%81%CE%BD%CE%B9%CF%82,Vortrieb%20durch%20Bewegung%20der%20Tragfl%C3%A4chen., abgerufen am 25.5.2025.

[21] Wikipedia, https://de.wikipedia.org/wiki/Doppeldecker_(Flugzeug), abgerufen am 25.5.2025.

[22] Who's who Germany, https://whoswho.de/bio/louis-blriot.html, abgerufen am 25.5.2025; Wikipedia, https://de.wikipedia.org/wiki/Louis_Bl%C3%A9riot, abgerufen am 25.5.2025.

[23] Stadt Wien, https://www.geschichtewiki.wien.gv.at/Louis_Bl%C3%A9riot, abgerufen am 25.5.2025.

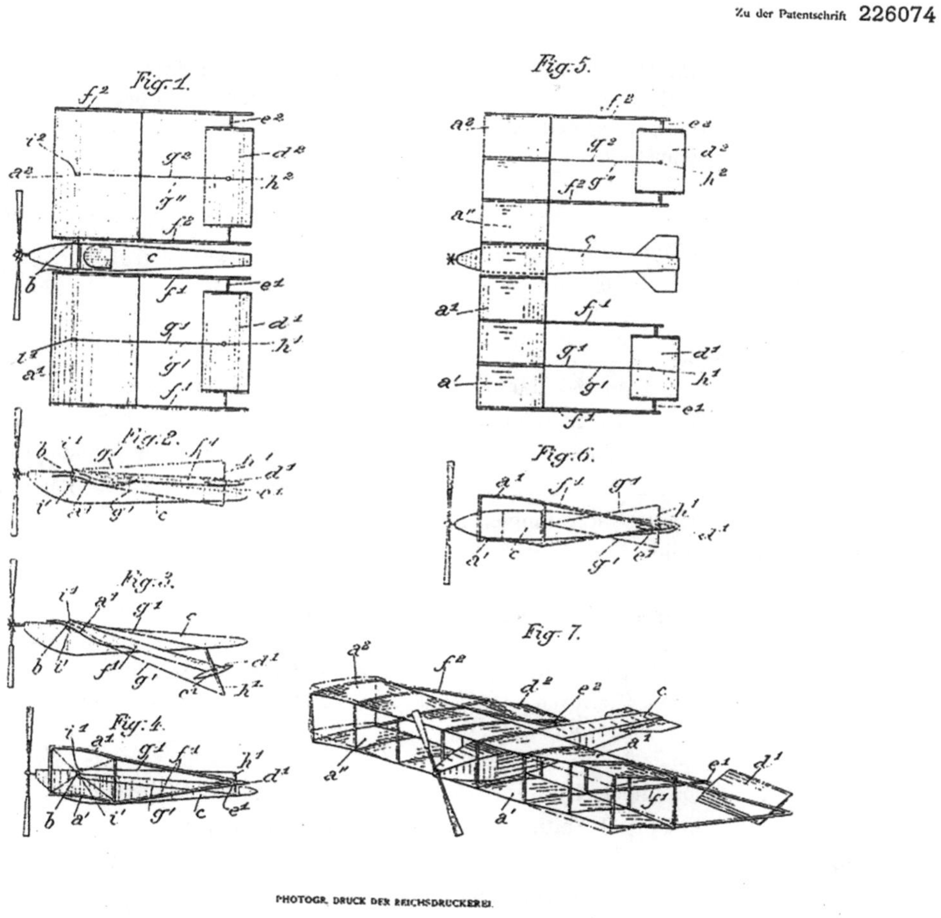

Abb. 7.12 Fig. 1 bis 7 der DE226074 (DPMA, https://depatisnet.dpma.de/DepatisNet/depatisnet?action=pdf&docid=DE000000226074A&xxxfull=1, abgerufen am 22.3.2025.)

Die Abb. 7.12 zeigt in den Fig. 1 bis 7 Höhenruder d^1 und d^2 an unterschiedlichen Flugzeugtypen.

Flüssigkeitskühler für Flugzeugmotoren

Das Patent DE 225788 mit dem Titel „Flüssigkeitskühler für die Motoren von Luftschiffen und Flugmaschinen jeder Art“[24] wurde am 23. März 1909 erteilt und beschreibt die Kühlung durch Trag- und Steuerflächen des Flugzeugs.

[24] DPMA, https://depatisnet.dpma.de/DepatisNet/depatisnet?action=pdf&docid=DE000000225788A&xxxfull=1, abgerufen am 8.4.2025.

Der Hauptanspruch lautet:

> „Flüssigkeitskühler für die Motoren von Luftschiffen und Flugmaschinen jeder Art, dadurch gekennzeichnet, daß die Elemente des Kühlers aus einzelnen auf Tragflächen oder andere Flächen aufgebrachten flachen, napfartigen Behältern bestehen, welche zusammen mit der Fläche geschlossene Kammern bilden und untereinander in Verbindung stehen."[25]

Die Abb. 7.13 zeigt in den Fig. 1 bis 5 Kühlelemente, wobei die Fig. 5 eine perspektivische Darstellung eines Kühlpakets darstellt. Die Fig. 6 zeigt ein Flugzeug in einer Ansicht von vorne, wobei die Kühlpakete unterhalb der Flügel angeordnet sind.

Tragräder für Flugzeuge

Das Patent DE 226853, das am 14. Januar 1909 erteilt wurde, beschreibt eine „Aufhängung für die Tragräder von Luftfahrzeugen" (Titel der Patentschrift),[26] wobei die Tragräder derart ausgestaltet sind, dass sie einem seitlichen Wind standhalten können. Erfindungsgemäß werden hierzu die Achsen der Tragräder mit Tragstützen derart verbunden, dass sich eine dreieckförmige Anordnung ergibt, die seitlichen Winden trotzt.

Der Hauptanspruch lautet:

> „Aufhängung für die Tragräder von Luftfahrzeugen, dadurch gekennzeichnet, daß die Achsen der Tragräder mit am Fahrzeug starr angeordneten Tragstützen derart verbunden sind, daß die Verbindungsstreben der Räder mit ihren entsprechenden Tragstützen die Seiten von beim Durchfedern deformierbaren Dreiecken bilden, und daß diese Dreiecke mit den Rädern um die Achse der Tragstütze drehbar sind."[27]

Die. Abb. 7.14 zeigt die besondere Konstruktion der Radaufhängung für Flugzeuge, die besonderen Halt und Stabilität bietet. Seitliche Winde sind bei einem Flugzeug besonders beim Starten und Landen gefährlich. Es ist daher sinnvoll, die Räder eines Flugzeugs stabil auszubilden, um dem Flugzeug in den kritischen Phasen des Startens und Landens Halt zu bieten.

Aufsteigen von Drachenfliegern

Das Patent DE 232159A wurde am 4. Oktober 1908 erteilt und beschreibt eine „Vorrichtung zum Aufsteigenlassen von Drachenfliegern an Ort und Stelle"[28] (Titel der Patentschrift). In dem Patent wird eine Vorrichtung beschrieben, um Flugmaschinen aus dem Stand zum Fliegen zu bringen, sodass die Flugmaschinen keine Startbahn benötigen, um zu beschleunigen und damit einen ausreichenden dynamischen Aufrieb zu erzeugen. Der

---

[25] DPMA, https://depatisnet.dpma.de/DepatisNet/depatisnet?action=pdf&docid=DE000000225788A &xxxfull=1, abgerufen am 2.4.2025.

[26] DPMA, https://depatisnet.dpma.de/DepatisNet/depatisnet?action=pdf&docid=DE000000226853A &xxxfull=1, abgerufen am 8.4.2025.

[27] DPMA, https://depatisnet.dpma.de/DepatisNet/depatisnet?action=pdf&docid=DE000000226853A &xxxfull=1, abgerufen am 2.4.2025.

[28] DPMA, https://depatisnet.dpma.de/DepatisNet/depatisnet?action=pdf&docid=DE000000232159A &xxxfull=1, abgerufen am 8.4.2025.

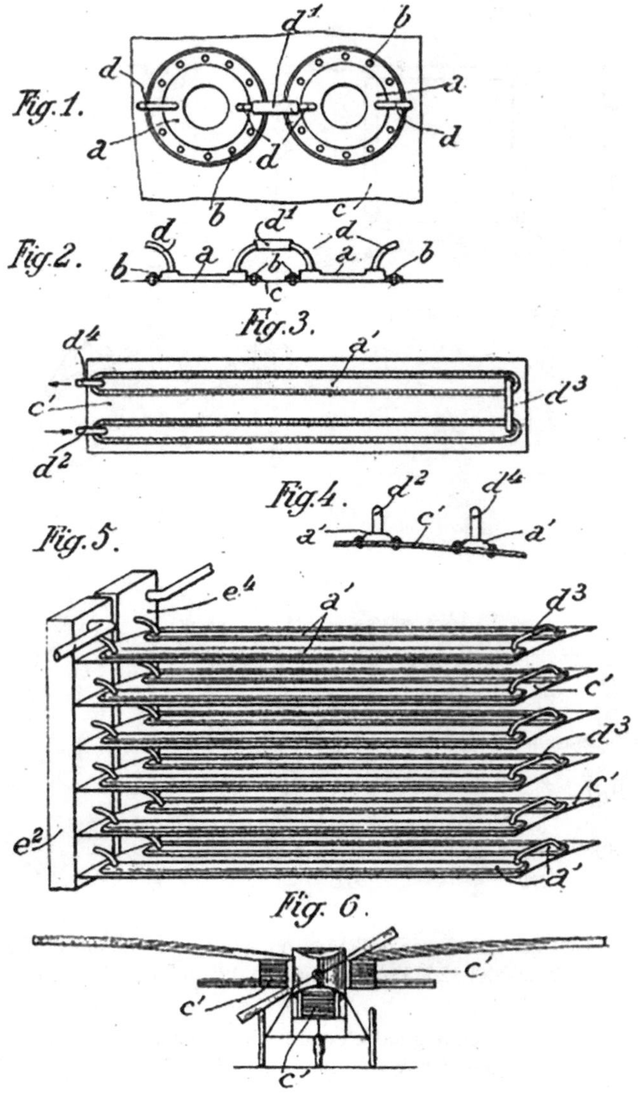

Abb. 7.13 Fig. 1 bis 6 der DE225788 (DPMA, https://depatisnet.dpma.de/DepatisNet/depatisnet?action=pdf&docid=DE000000225788A&xxxfull=1, abgerufen am 22.3.2025.)

große Vorteil der Erfindung ist darin zu sehen, dass auf eine langgestreckte Startbahn, die entsprechend präpariert sein muss, verzichtet werden kann.

Der Hauptanspruch lautet:

> „Vorrichtung zum Aufsteigenlassen von Drachenfliegern an Ort und Stelle, gekennzeichnet durch einen beliebig ausgebildeten Festpunkt, an welchem der Drachenflieger derart gelagert ist, daß er in senkrechter Richtung infolge der Wirkung der Vertikalkomponente des von der Schraube unter den Tragflächen erzeugten, von vorn nach hinten gerichteten Luftstromes

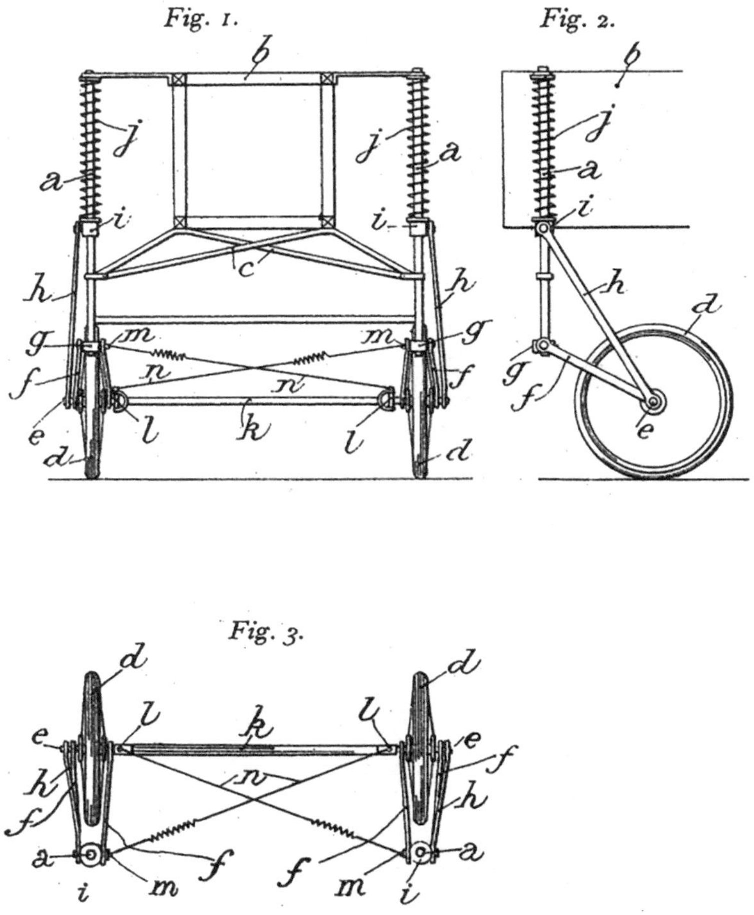

Abb. 7.14 Fig. 1 bis 3 der DE226853 (DPMA, https://depatisnet.dpma.de/DepatisNet/depatisnet?action=pdf&docid=DE000000226853A&xxxfull=1, abgerufen am 22.3.2025.)

> aufsteigen, in horizontaler Richtung jedoch erst nach Erreichung einer gewissen Höhe und nach Verlassen des Festpunktes sich fortbewegen kann.“[29]

Die Abb. 7.15 zeigt einen Pfahl e, an dem das Flugzeug a mittels eines Seils b befestigt ist, wobei das Seil b an einem Ring d festgemacht ist, der über die Länge des Pfahls e frei beweglich ist. Durch den Motor des Flugzeugs a wird langsam ein Antrieb erzeugt, der zum Aufsteigen führt. Steigt das Flugzeug a höher, gelangt der Ring d ab einem gewissen Punkt über den Pfahl e hinaus und gibt das Flugzeug frei, das mittlerweile einen ausreichenden Antrieb erzeugt, um zu fliegen.

[29] DPMA, https://depatisnet.dpma.de/DepatisNet/depatisnet?action=pdf&docid=DE000000232159A&xxxfull=1, abgerufen am 2.4.2025.

Fig. 1.

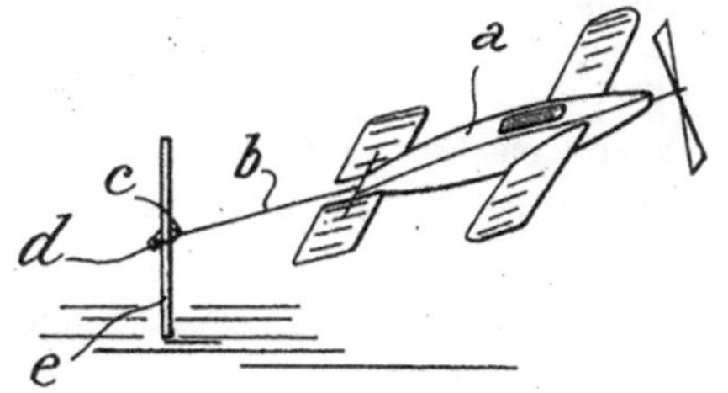

Fig. 2.

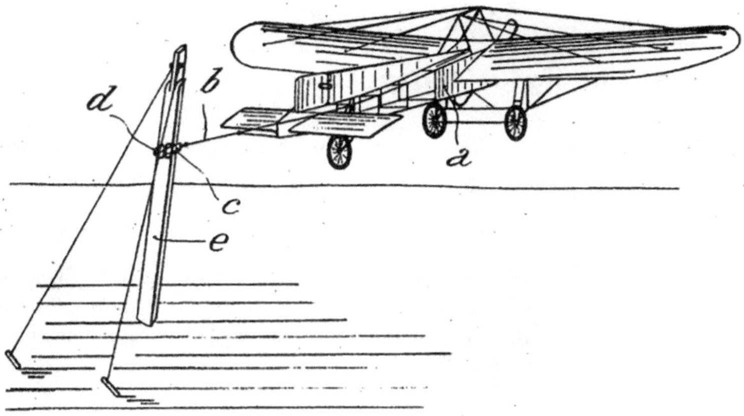

Abb. 7.15 Fig. 1 und 2 der DE232159A (DPMA, https://depatisnet.dpma.de/DepatisNet/depatisnet?action=pdf&docid=DE000000232159A&xxxfull=1, abgerufen am 22.3.2025.)

7.12 Flugmaschine mit drehenden Flügelrädern

Das Patent DE 220044, das am 4. Februar 1909 erteilt wurde, beschreibt eine „Flugmaschine mit in Gehäusen sich drehenden Flügelrädern" (Titel der Patentschrift).[30] Die Erfindung beschreibt Flügelräder a, die Luft unter Tragflächen schaufeln und damit ein Luftpolster unter den Tragflächen erzeugen und dadurch der Flugmaschine das Fliegen ermöglichen sollen.

Der Hauptanspruch lautet:

> „Flugmaschine mit zwei Paar auf wagerecht gelagerten Wellen teils in freier Luft, teils in Gehäusen sich drehenden Flügelrädern, dadurch gekennzeichnet, daß die auf der Seite der auf-

[30] DPMA, https://depatisnet.dpma.de/DepatisNet/depatisnet?action=pdf&docid=DE000000220044A&xxxfull=1, abgerufen am 4.4.2025.

steigenden Flügel angebrachten Gehäuse oben unter den Trägflächen geöffnet sind, so daß die nach oben geschleuderte Luft austreten und ein Tragpolster unter den Tragflächen bilden kann."[31]

Die Abb. 7.16 zeigt in den Fig. 3 und 5 das Prinzip der Erfindung, bei der Schaufelräder a Luft unter die Tragflächen c schleudern, um ein das Luftfahrzeug tragendes Luftpolster zu erzeugen.

Bei diesem patentgeschützten Konzept schaufelt eine Vorrichtung des Flugzeugs Luft nach oben, wodurch sich nachteiliger Weise ein Impuls auf das Flugzeug nach unten ergibt. Hierdurch soll es dennoch den Tragflächen ermöglicht werden, auf einem Luftpolster zu schweben, wobei zur Erzeugung eines Auftriebs, die Luft nach unten gedrückt wird. Dieses Konzept wirkt widersinnig, da es zur gleichen Zeit Impulse nach oben und nach unten erzeugt, wodurch das Fluggerät letzten Endes, trotz eines umfangreichen mechanischen Aufbaus, wahrscheinlich den Boden nicht verlassen wird.

7.13 Startvorrichtung für Flugapparate

Das Patent DE 234008, das am 2. September 1909 erteilt wurde, beschreibt eine Startvorrichtung, die durch einen Raketenantrieb ein Flugzeug in die Luft katapultiert.

Der Hauptanspruch lautet:

> „Startvorrichtung für Flugapparate, die durch die Explosion eines festen, flüssigen oder gasförmigen Stoffes angetrieben wird, dadurch gekennzeichnet, daß der explosive Stoff in einem kleinen Verbrennungsraum verbrannt wird, der durch eine enge Öffnung mit einem größeren Expansionsraum in Verbindung steht."[32]

Die Abb. 7.17 zeigt in der Fig. 2 ein Rohr, das Verbrennungsgase nach schräg unten ausstößt, sodass sich ein Impuls und Antrieb nach rechts oben ergibt. In der Fig. 3 ist eine Verbrennungskammer dargestellt, in der die heißen Verbrennungsgase erzeugt werden, die durch das Rohr in der Fig. 2 geführt werden, um den Rückstoß zu erzeugen. In der Fig. 1 sieht man die Verbrennungskammer und das Rohr an einem Flugapparat angeordnet.

Es gibt Katapult-Startvorrichtungen auf Flugzeugträgern, die eine erhebliche mechanische Belastung auf das Flugzeug ausüben. Das betreffende Fluggerät muss daher eine hohe mechanische Stabilität aufweisen, die ein hohes Eigengewicht bedingt. Um ein für einen Katapult-Start geeignetes, schweres Flugzeug in die Luft zu katapultieren ist eine große Kraft erforderlich, die die dimensionsmäßig kleine Vorrichtung „o" wahrscheinlich nicht erbringen kann. Die patentgeschützte Erfindung erscheint vor dem Hintergrund dieser Überlegungen für den gewünschten Effekt nicht geeignet.

[31] DPMA, https://depatisnet.dpma.de/DepatisNet/depatisnet?action=pdf&docid=DE000000220044A&xxxfull=1, abgerufen am 4.4.2025.

[32] DPMA, https://depatisnet.dpma.de/DepatisNet/depatisnet?action=pdf&docid=DE000000234008A&xxxfull=1, abgerufen am 4.4.2025.

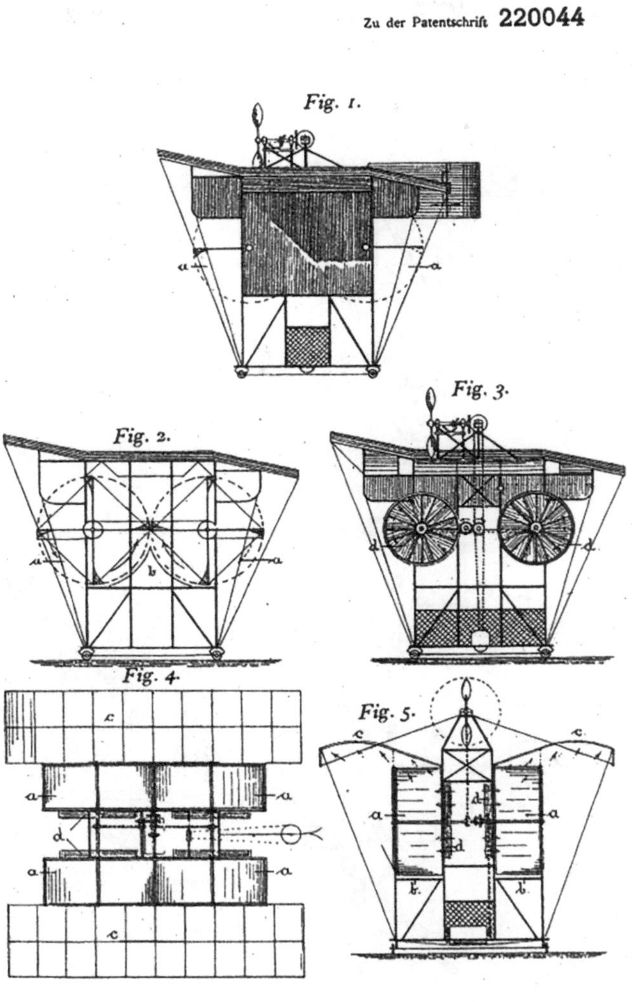

Abb. 7.16 Fig. 1 bis 5 der DE220044 (DPMA, https://depatisnet.dpma.de/DepatisNet/depatisnet?action=pdf&docid=DE000000220044A&xxxfull=1, abgerufen am 22.3.2025.)

7.14 Durchsichtige Schutzwand für Flugzeuge und Automobile

Das Patent DE 232447, das am 22. Oktober 1909 erteilt wurde, beschreibt eine „durchsichtige Schutzwand für Flugzeuge, Automobile und andere Fahrzeuge und für Schutzbrillen" (Titel der Patentschrift).[33] Die technische Lehre der Erfindung löst das Problem, dass die Schutzwand vor dem Gesicht des Piloten durch Schnee, Regen oder Öl, das

[33] DPMA, https://depatisnet.dpma.de/DepatisNet/depatisnet?action=pdf&docid=DE000000232447A&xxxfull=1, abgerufen am 4.4.2025.

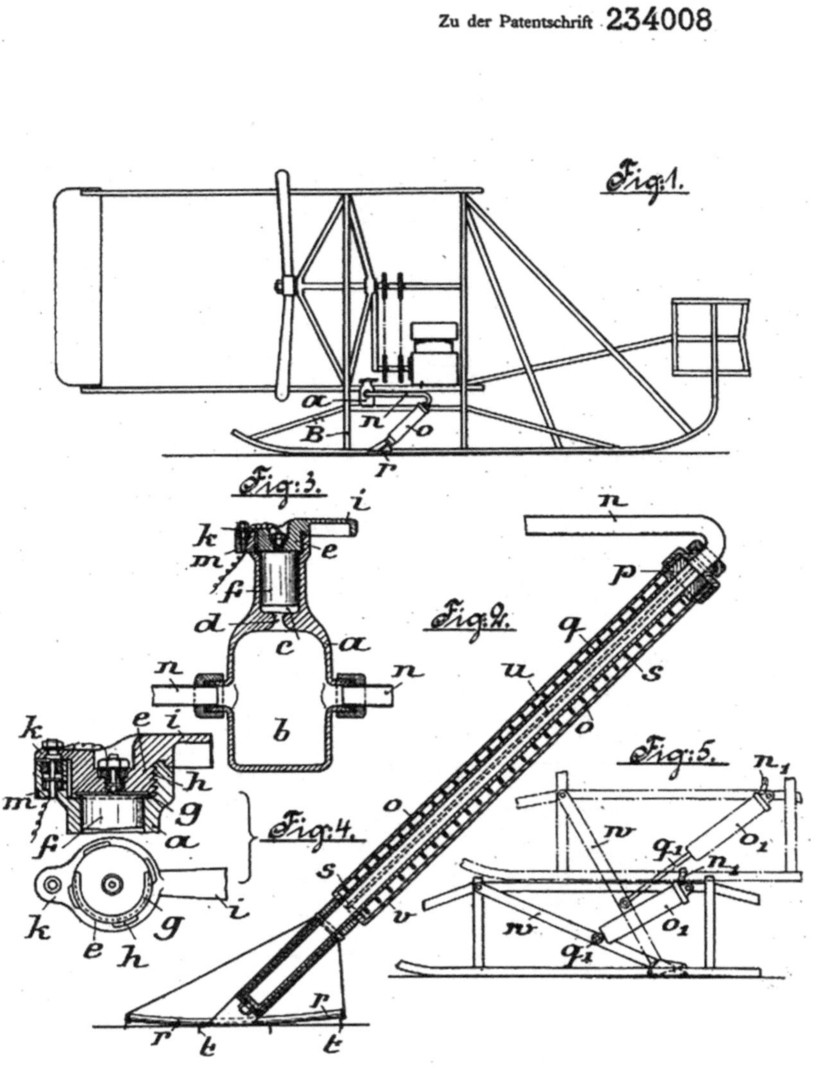

Abb. 7.17 Fig. 1 bis 5 der DE234008 (DPMA, https://depatisnet.dpma.de/DepatisNet/depatisnet?action=pdf&docid=DE000000234008A&xxxfull=1, abgerufen am 22.3.2025.)

aus dem Antriebsmotor stammt, verunreinigt werden kann und damit der Pilot in seiner Sicht behindert wird. Die Erfindung beschreibt eine Vorrichtung, mit der die Schutzwand erforderlichenfalls ausgetauscht werden kann und durch eine saubere Schutzwand ersetzt wird. Hierzu wird als Schutzwand eine transparente Folie genutzt, die mit einer Rolle aufgewickelt ist. Ist ein Wechsel der Schutzwand erforderlich, wird ein neuer Abschnitt der Folie abgewickelt und als Schutzwand genutzt.

Der einzige Anspruch des Patents lautet:

> „Durchsichtige Schutzwand für Flugzeuge, Automobile und andere Fahrzeuge und für Schutzbrillen, dadurch gekennzeichnet, daß eine biegsame durchsichtige Schutzwand sich von einer Rolle ab- und auf eine zweite Rolle aufwickelt."[34]

Die Abb. 7.18 zeigt in der Fig. 2 zwei Rollen, auf denen eine Folie aufgewickelt ist, die als Schutzwand verwendet wird. Ist ein Abschnitt der Folie verschmutzt, kann durch das Weiterrollen der Folie ein sauberer Abschnitt als Schutzwand für den Piloten genutzt werden.

Eine bessere Lösung des Problems sind Scheibenwischer, die zudem kein ständiges Auswechseln erfordern. Außerdem ist es ein Nachteil der technischen Lehre des Patents, dass die Folie durch starke Windströmungen flattern und damit die Sicht des Piloten beeinträchtigen kann. Die Erfindung war ein Flop und wurde nicht realisiert.

7.15 Flugzeug mit übereinander angeordneten Flügeln

Das Patent DE 254892, das am 27. November 1909 erteilt wurde und vom französischen Flugzeugkonstrukteur René Arnoux stammt, zeigt ein schwanzloses Flugzeug mit mehreren übereinander angeordneten Tragflächen.

René Arnoux war ein französischer Flugzeugpionier, der als erster ein Nurflügelflugzeug herstellte. Ein Nurflügelflugzeug, auch Nurflügler, hat keinen Schwanz als Seiten- und Höhenleitwerk. Insbesondere sind bei einem ausgeprägten Nurflügler sämtliche wesentlichen Bestandteile eines Flugzeugs innerhalb der Tragflächen angeordnet, sodass der Antrieb, der Treibstoff, die Fracht und die Besatzung des Flugzeugs innerhalb der Tragflächen untergebracht sind.[35]

Die Abb. 7.19 zeigt ein Höhenleitwerk, das zumeist am Heck des Flugzeugs angeordnet ist. Das Höhenleitwerk weist ein Höhenruder auf und stellt einen Teil des Leitwerks dar. Mit dem Höhenleitwerk kann ein Aufsteigen oder Absinken eingeleitet werden. Das Leitwerk umfasst außerdem ein Seitenleitwerk, mit dem das Flugzeug mittels Seitenruder in der waagrechten Ebene nach rechts oder links gesteuert werden kann.

Die Abb. 7.20 zeigt das Fluggerät des René Arnoux, das keinen Schwanz als Leitwerk aufweist.

Ein Fluggerät mit mehreren übereinander angeordneten Flügeln erzeugt einen großen Auftrieb. Allerdings erfordert es einen erhöhten Aufwand an mechanischen Elementen zur Befestigung der Flügel, was an der Abb. 7.20 erkannt werden kann. Konsequenterweise besteht bei derart vielen mechanischen Bauteilen ein großes Risiko, dass während des Flugs etwas ausfällt und einen Absturz provoziert. Außerdem ist die Steuerung des erfindungsgemäßen Flugzeugs aufgrund des fehlenden Schwanzes schwierig.

[34] DPMA, https://depatisnet.dpma.de/DepatisNet/depatisnet?action=pdf&docid=DE000000232447A&xxxfull=1, abgerufen am 4.4.2025.

[35] Wikipedia, https://de.wikipedia.org/wiki/Nurflügel, abgerufen am 31.3.2025.

Fig. 1.

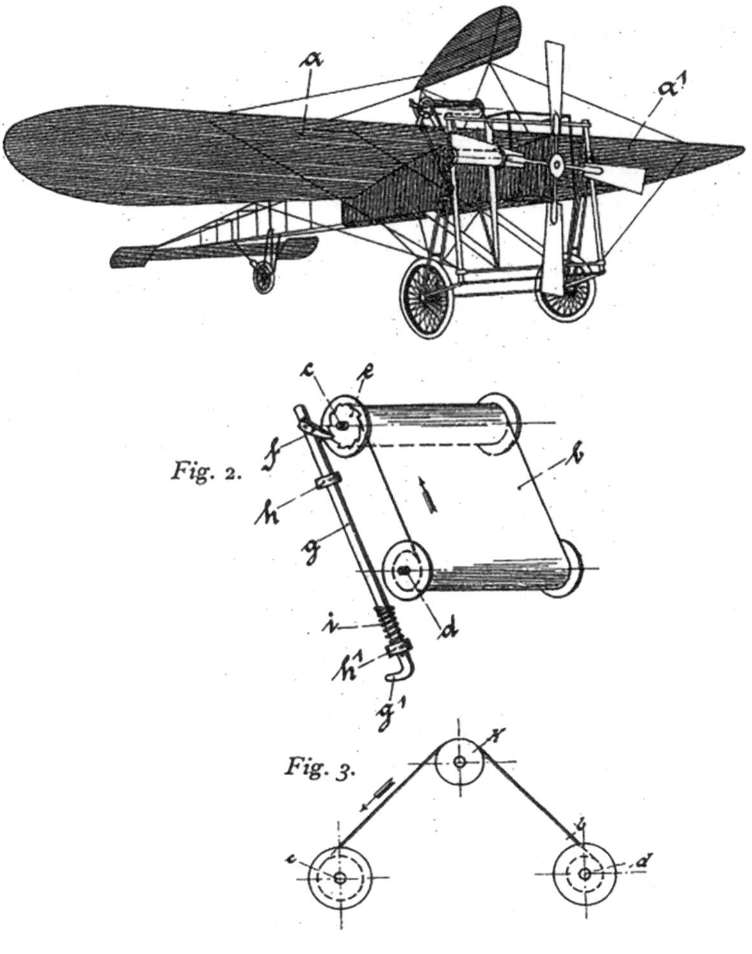

Abb. 7.18 Fig. 1 bis 3 der DE232447 (DPMA, https://depatisnet.dpma.de/DepatisNet/depatisnet?action=pdf&docid=DE000000232447A&xxxfull=1, abgerufen am 22.3.2025.)

7.16 Holzpropeller für Luftfahrzeuge

Holzpropeller zeichnen sich durch gute Dämpfungseigenschaften aus, weswegen nur in geringem Maß Vibrationen entstehen und die Lärmbelästigung für die Passagiere gering ist.[36] Ein weiterer Vorteil ist das geringere Gewicht im Vergleich zu Propellern aus Metall.

[36] Flieger.News, https://www.flieger.news/straubinger-holzpropeller-fuer-die-elektrische-luftfahrt/, abgerufen am 25.5.2025.

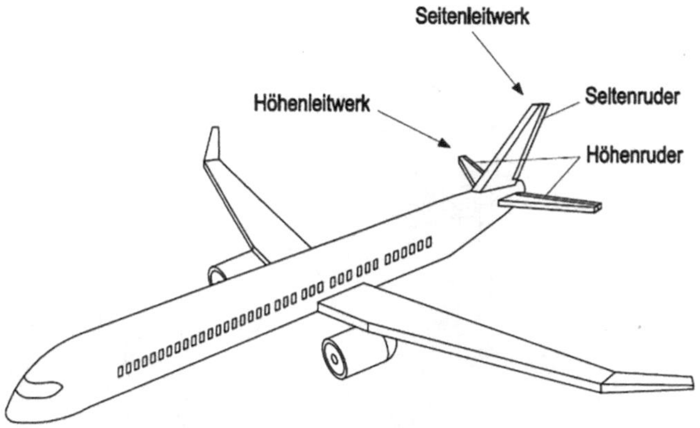

Abb. 7.19 Leitwerk eines Flugzeugs

Nachteilig ist die Tatsache, dass die Beschädigungsgefahr durch beim Starten oder Landen aufgewirbelten Steinchen hoch ist. Außerdem kann Holz verwittern und die Festigkeit von Holzpropellern ist geringer als diejenige von Metallpropellern. Aus diesem Grund werden für Verkehrsflugzeuge und Militärjets keine Holzpropeller verwendet.[37] Ansonsten werden Holzpropeller auch heute noch eingesetzt.

Das Patent DE 236694, das am 15. Februar 1910 erteilt wurde, beschäftigt sich mit „Holzpropellern für Luftfahrzeuge, dessen gegenüberliegende Flügel aus einzelnen, miteinander verleimten Holzstäben bestehen" (Titel der Patentschrift).[38]

Die Erfindung beschreibt ein Verfahren, um den Flügelquerschnitt von Luftschrauben so dünn wie möglich zu halten und insbesondere an den Enden des Flügels des Propellers eine scharfkantige Ausformung zu erreichen.

Der einzige Anspruch des Patents lautet:

> „Holzpropeller für Luftfahrzeuge, dessen gegenüberliegende Flügel aus einzelnen, miteinander verleimten Holzstäben bestehen, dadurch gekennzeichnet, daß die Holzstäbe in Lagen parallel zur Drehachse der Schraube miteinander verleimt und durch ein Quer- und ein Längsfurnier auf beiden Seiten des Schraubenflügels miteinander verbunden sind."[39]

Die Abb. 7.21 zeigt in der Fig. 1 einen zweiflügeligen Propeller, der aus flachen Holzstäben a, die sich in Längsrichtung der Flügel erstrecken, besteht. In der Fig. 2 ist

[37] Flug Revue, https://www.flugrevue.de/flugzeugbau/runde-sache-propeller-fuer-grosse-flugzeuge/, abgerufen am 25.5.2025; Wikipedia, https://de.wikipedia.org/wiki/Luftschraube, abgerufen am 25.5.2025.

[38] DPMA, https://depatisnet.dpma.de/DepatisNet/depatisnet?action=pdf&docid=DE000000236694A&xxxfull=1, abgerufen am 3.4.2025.

[39] DPMA, https://depatisnet.dpma.de/DepatisNet/depatisnet?action=pdf&docid=DE000000236694A&xxxfull=1, abgerufen am 3.4.2025.

Fig. 4.

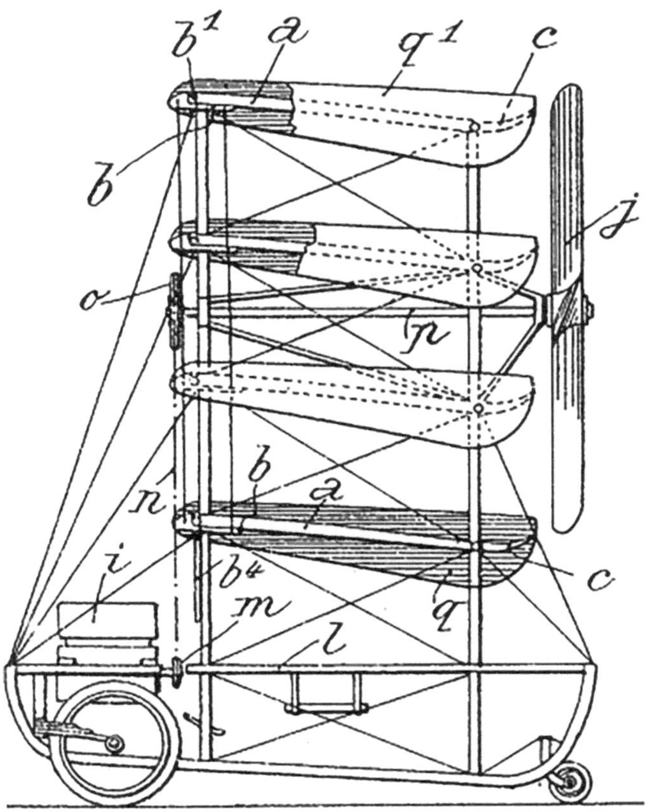

Abb. 7.20 Fig. 4 der DE254892 (DPMA, https://depatisnet.dpma.de/DepatisNet/depatisnet?action=pdf&docid=DE000000254892A&xxxfull=1, abgerufen am 22.3.2025.)

dargestellt, dass zur Steigerung der mechanischen Stabilität und Festigkeit der Flügel ein Furnier b quer über die Holzstäbe a angeordnet ist.

7.17 Flugzeug mit nach rückwärts gerichteten Flügeln

Flugzeuge mit nach rückwärts gewandten Flügeln weisen eine erhöhte Richtungsstabilität auf und ermöglichen hohe Fluggeschwindigkeiten. Rückwärts gewandte Flügel konnten sich daher insbesondere bei modernen Jets durchsetzen.[40]

[40] Wikipedia, https://de.wikipedia.org/wiki/Pfeilung, abgerufen am 25.5.2025.

Zu der Patentschrift **236694**

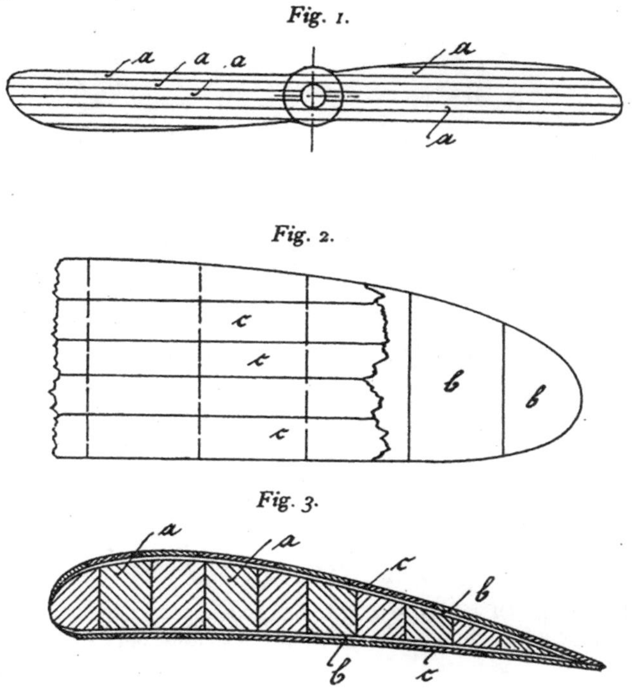

Abb. 7.21 Fig. 1 bis 3 der DE236694 (DPMA, https://depatisnet.dpma.de/DepatisNet/depatisnet?action=pdf&docid=DE000000236694A&xxxfull=1, abgerufen am 22.3.2025.)

Das Patent DE 250224 A, das am 3. April 1910 erteilt wurde, zeigt ein Flugzeug, bei dem die Flügel einen Winkel von 40° bis 70° mit dem Rumpf des Flugzeugs bilden, wobei das Flugzeug ein Doppeldecker ist und die oberen Flügel einen anderen Winkel mit dem Rumpf bilden als die unteren Flügel. Diese Konstruktion soll eine nachteilige gegenseitige Beeinflussung der übereinander angeordneten Flügel ausschließen bzw. zumindest mindern.

Der Hauptanspruch lautet:

> „Flugzeug mit nach rückwärts sich erstreckenden, übereinander angeordneten Flügeln nach Patent 249794, dadurch gekennzeichnet, daß die Spitzen der oberen Flügel stärker geneigt sind als die unteren."

Die Abb. 7.22 zeigt den Doppeldecker mit den geneigten Flügeln. Ein Doppeldecker ist nicht für hohe Geschwindigkeiten geeignet, da er einen hohen Luftwiderstand aufweist.

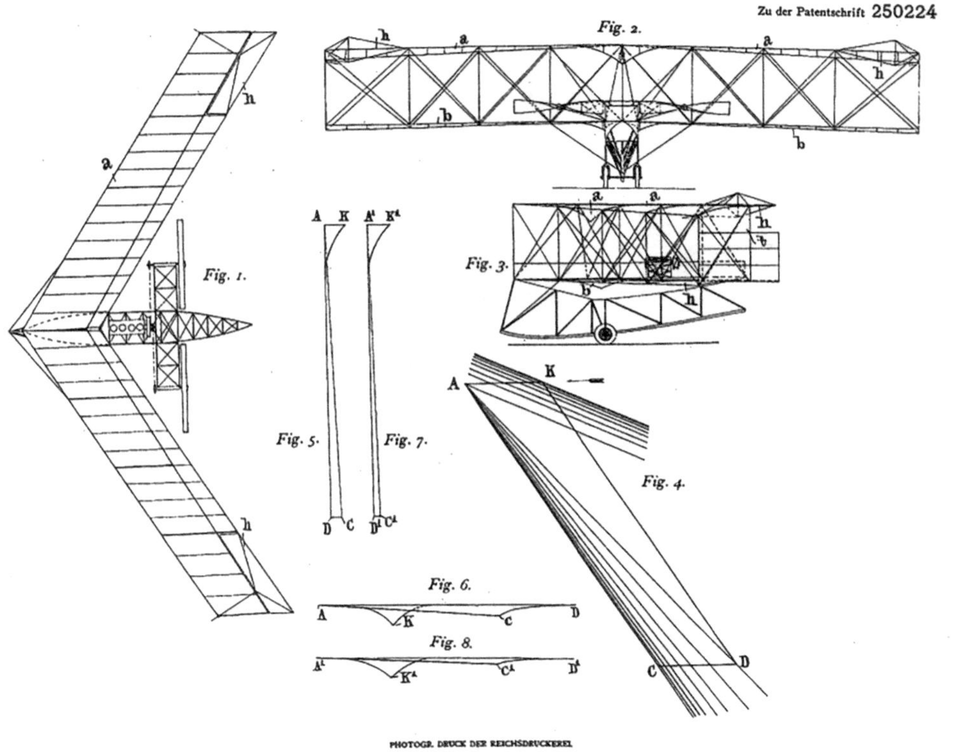

Abb. 7.22 Fig. 1 bis 8 der DE250224A (DPMA, https://depatisnet.dpma.de/DepatisNet/depatisnet?action=pdf&docid=DE000000250224A&xxxfull=1, abgerufen am 22.3.2025.)

Es sollen aber mit geneigten Flügeln Flugzeuge, die hohe Geschwindigkeiten erreichen, noch schneller gemacht werden. Der weitere Vorteil der geneigten Flügel, nämlich die Richtungsstabilität bei hohen Geschwindigkeiten, ist ebenfalls für einen langsamen Doppeldecker ohne Bedeutung. Es werden daher bei dieser Erfindung technische Lehren kombiniert, die nicht zusammenpassen.

Schreibgeräte

8

Schreibgeräte dienen der Beschriftung von ebenen Flächen, insbesondere von Folien und Papier, mit Buchstaben und Zeichen. Beispielsweise sind Kugelschreiber, Füller und Bleistifte Schreibgeräte. Es wird insbesondere die Entwicklung des Füllfederhalters und des Kugelschreibers skizziert.

8.1 Schreibgerät für groben Untergrund

Das Patent US 392046, das am 30. Oktober 1888 erteilt wurde, beschreibt ein Schreibgerät, das insbesondere zum Schreiben auf einem rauen Untergrund, beispielsweise Holz oder grobem Packpapier, geeignet ist.

Die ersten drei Ansprüche lauten:

„1. A pen having a spheroidal marking-point, substantially as described.
2. A pen having a marking-sphere capable of revolving in all directions, substantially as and for the purposes described.
3. In a fountain-pen, a marking-sphere, in combination with a spring, and a tube having a contracted month, whereby the sphere projects from the tube, substantially as and for the purposes described.“[1]

Im Hauptanspruch wird beschrieben, dass der Stift eine kugelförmige Spitze aufweist. Gemäß dem Anspruch 2 kann sich die Spitze in jede Richtung drehen. Der dritte Anspruch beschreibt, dass ein Füllfederhalter beansprucht wird, an dessen Spitze eine Kugel ist, die aus einem Rohr herausragt, wobei das Rohr mit Tinte gefüllt ist.

[1] DPMA, https://depatisnet.dpma.de/DepatisNet/depatisnet?action=pdf&docid=US000000392046A&xxxfull=1, abgerufen am 4.4.2025.

T. H. Meitinger, *Tops und Flops. Hightech in Patenten*,
https://doi.org/10.1007/978-3-662-71855-1_8

Die Abb. 8.1 zeigt den erfindungsgemäßen Füllfederhalter mit dem Rohr A, das am oberen Ende mit der Schraubkappe B verschließbar ist. Eine große Kugel L verschließt die untere Öffnung des Rohrs A, wobei zwei kleinere Kugeln K ein Wälzlager für die große Kugel L darstellen. Die Kugel L hat einen Durchmesser, der gerade größer als der Durchmesser der unteren Öffnung des Rohrs A ist, sodass die Kugel L nicht aus dem Rohr A fallen kann. Mit der Feder werden die kleinen Kugeln K gegen die große Kugel L ge-

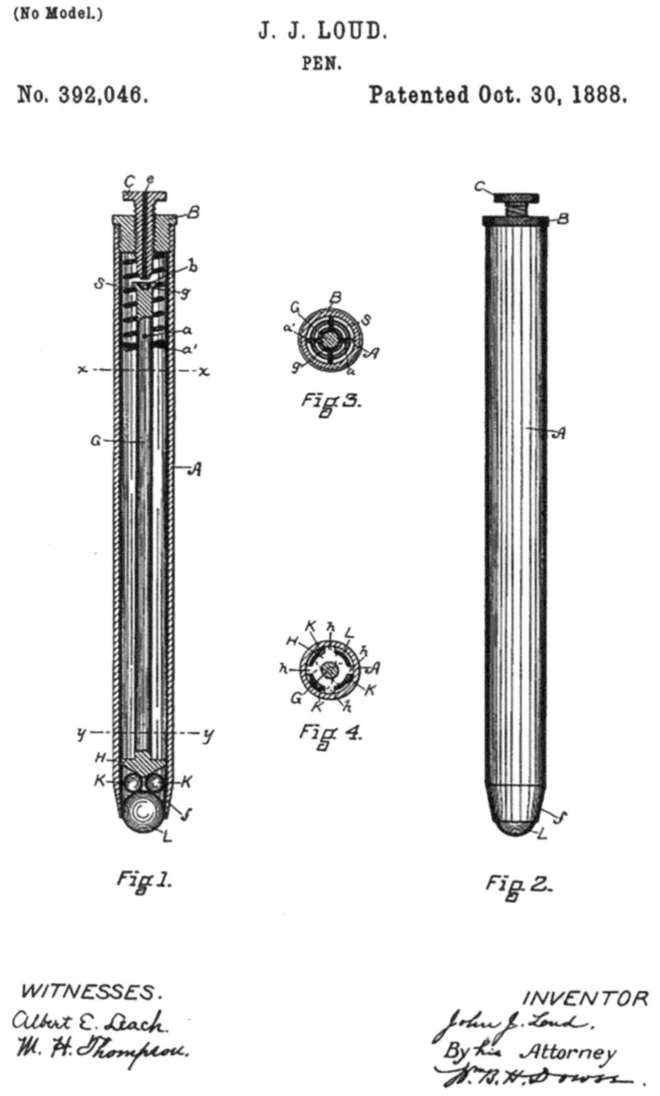

Abb. 8.1 Fig. 1 und 2 der US392046 (DPMA, https://depatisnet.dpma.de/DepatisNet/depatisnet?action=pdf&docid=US000000392046A&xxxfull=1, abgerufen am 22.3.2025.)

presst. Wird der Füllfederhalter auf Papier aufgesetzt, wird die Kugel L in das Rohr gepresst, sodass Tinte an der Kugel vorbei aus dem Rohr fließen kann. Der Schreiber muss dabei auf einen konstanten Druck auf die Kugel L achten, da der Tintenfluss ansonsten ungleichmäßig ist und ein Schmieren verursacht.

8.2 Füllfederhalter

Das Patent GB 190603690 A, das am 26. April 1906 erteilt wurde, beschreibt einen einfach aufgebauten Füllfederhalter.

Die Abb. 8.2 zeigt den Füllfederhalter, der in einem oberen Bereich ein Reservoir 1 für Tinte aufweist, wobei am unteren Ende in dieses Reservoir 1 eine Metallspitze 3 mit einem kleinen Innendurchmesser 5 eingefügt ist.

8.3 Kugelschreiber

Das Patent US 2265055, das am 2. Dezember 1941 erteilt wurde, beschreibt den modernen Kugelschreiber. Der Erfinder des Patents ist László József Biró, geboren am 29. September 1899 und gestorben am 24. Oktober 1985, dem mit seiner Erfindung der erste wirtschaftlich erfolgreiche Kugelschreiber gelang. Das Prinzip seiner Erfindung ist das Übertragen der Tinte über eine Kugel. Eine Kugel in dem Schreibgerät nimmt Tinte auf ihrer einen Oberfläche auf, die Kugel dreht sich, sodass die Kugel mit der aufgetragenen Tinte außerhalb des Schreibgeräts gerät und die Tinte auf eine Schreibunterlage aufbringen kann. Mit diesem Verfahren konnte ein Schreibgerät zur Verfügung gestellt werden, das nicht wie seine Vorgänger schmierte, da durch die Übertragung mit der Kugel der Tintenfluss unabhängig vom Aufpressdruck konstant gehalten wird.

Die Abb. 8.3 zeigt den erfindungsgemäßen Kugelschreiber, wobei in der Fig. 5 die Kugel 8 dargestellt ist, die von einem Kanal mit Tinte versorgt wird, sodass die inwärts zeigende Oberfläche der Kugel 8 mit Tinte benetzt wird. Nach einer Drehung der Kugel zeigt die tintenbenetzte Oberfläche der Kugel nach außen. Die Kugel kann dann die Tinte auf die Schreibunterlage pressen.

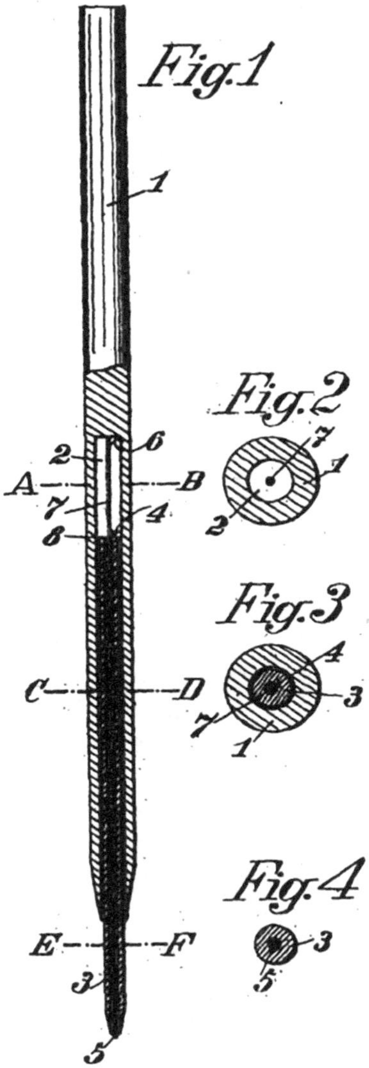

Abb. 8.2 Fig. 1 bis 4 der GB190603690A (DPMA, https://depatisnet.dpma.de/DepatisNet/depatisnet?action=pdf&docid=GB000190603690A&xxxfull=1, abgerufen am 22.3.2025.)

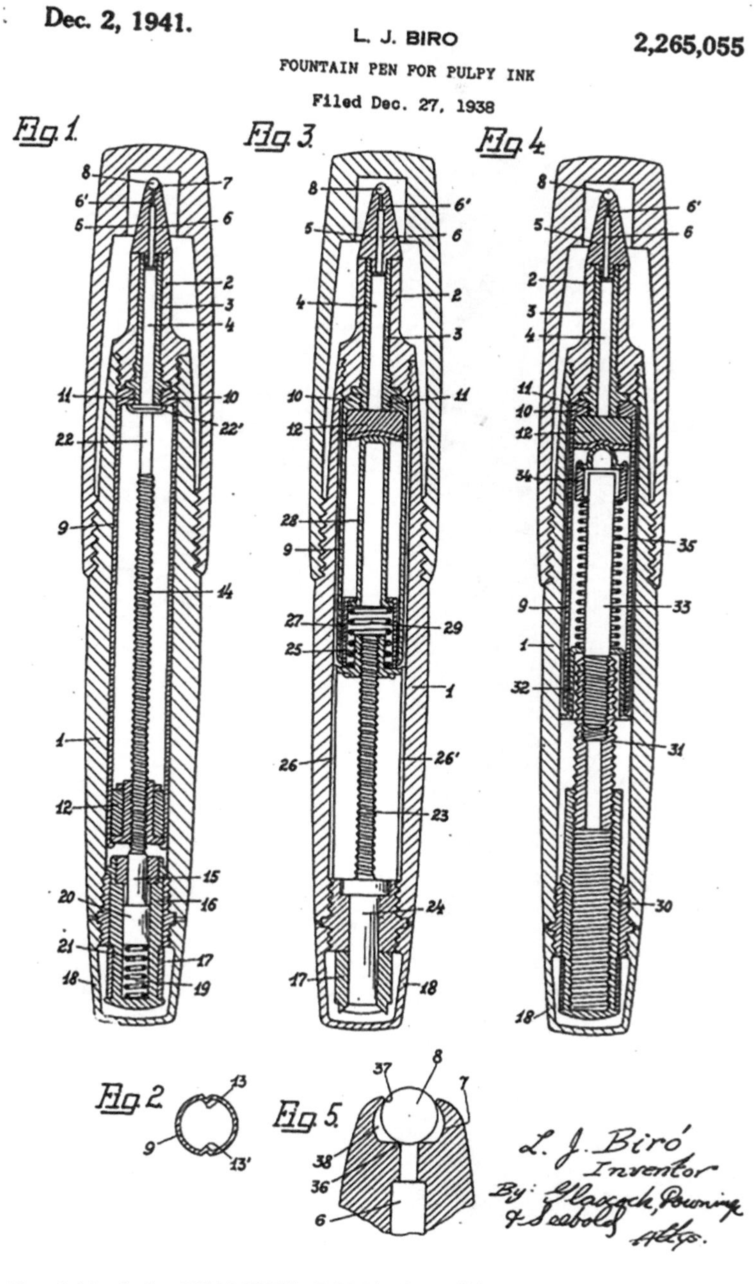

Abb. 8.3 Fig. 1 bis 5 der US2265055 (DPMA, https://depatisnet.dpma.de/DepatisNet/depatisnet?action=pdf&docid=US000002265055A&xxxfull=1, abgerufen am 22.3.2025.)

Bekleidung

9

Als Bekleidung werden die Textilien bezeichnet, die dem menschlichen Körper als Schutz vor Nässe und Kälte dienen. Außerdem kommt der Bekleidung eine Signalfunktion zu, wobei die betreffende Person auf ihren Stand, Herkunft oder ihre Einstellungen hinweisen möchte. In diesem Kapitel wird insbesondere die Entwicklung des Reißverschlusses und des Büstenhalters beschrieben.

9.1 Reißverschluss

Ein Reißverschluss ist ein Mittel zum Verschließen von Taschen, Schuhen und Kleidungsstücken. Der Vorteil eines Reißverschlusses ist, dass ein engmaschiges Verschließen mit einer einfachen Handhabbarkeit kombiniert wird, wodurch sich ein Reißverschluss gegenüber einem Verschließen durch Verschnüren auszeichnet. Der Reißverschluss besteht aus einem Schieber, der komplementär ausgebildete Zähne zweier gegenüberliegender Stoffteile verhaken und wieder lösen kann.

Elias Howe Jr.

Der erste Reißverschluss wurde von Elias Howe Jr. erfunden. Allerdings war der erste Reißverschluss ein wirtschaftlicher Misserfolg, da er nur einen kurzen Abschnitt eines Kleidungsstückes verbinden konnte bzw. nur mit großen Lücken eine Verbindung herstellen konnte.

Die Abb. 9.1 zeigt, dass der Reißverschluss der US 8540 A, die am 25. November 1851 patentiert wurde, nur einen kleinen Abschnitt verschließbar gestalten konnte (siehe Fig. 2 und 3) bzw. nur einen Bereich mit großen Abständen (siehe Fig. 1) verbinden konnte.

T. H. Meitinger, *Tops und Flops. Hightech in Patenten*,
https://doi.org/10.1007/978-3-662-71855-1_9

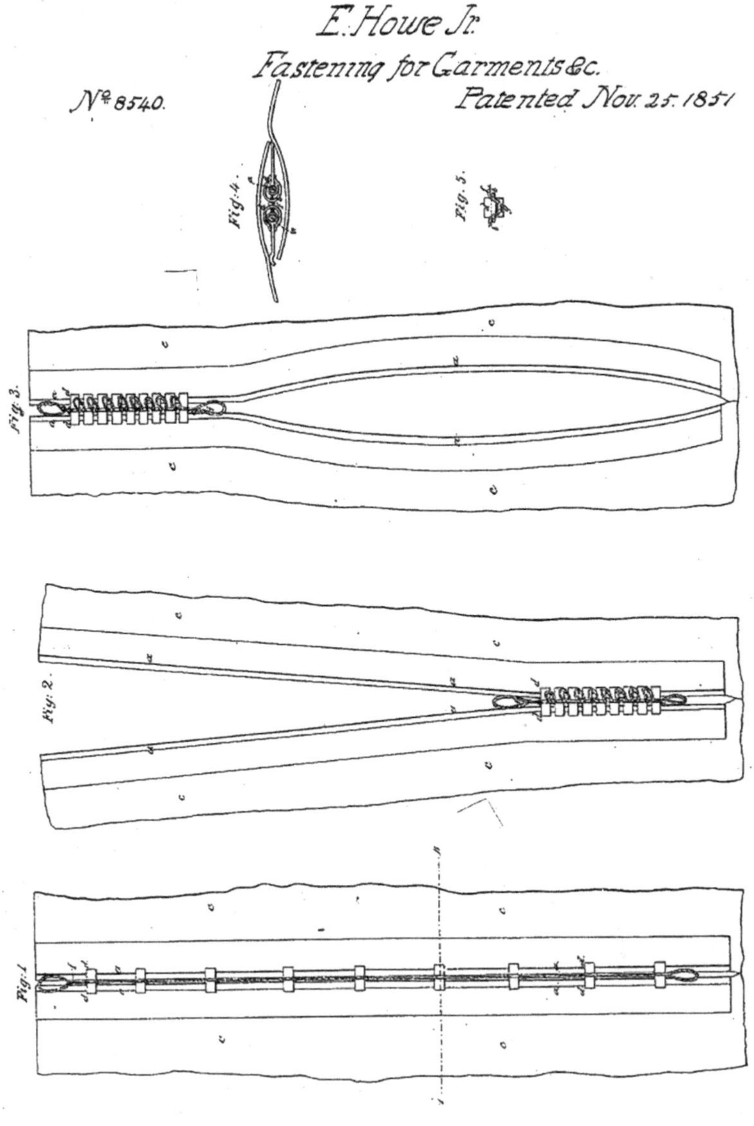

Abb. 9.1 Fig. 1 bis 5 der US8540A (DPMA, https://depatisnet.dpma.de/DepatisNet/depatisnet?action=pdf&docid=US000000008540A&xxxfull=1, abgerufen am 17.3.2025.)

Whitcomb L. Judson

Whitcomb Judson verbesserte den Reißverschluss von Howe. Allerdings stellten die Reißverschlüsse von Judson nur eine Zwischenetappe dar, denen ebenfalls kein wirtschaftlicher Erfolg beschieden war. Whitcomb Judson beschrieb seine Erfindung in den Patenten US 504037 und US 504038.

In dem Patent US 504037, das am 29. August 1893 erteilt wurde, wird ein Verschluss für Schuhe gezeigt, wobei mit einem Schlitten Klemmelemente von beiden Seiten einer Schuhöffnung miteinander verhakt werden.

Der Hauptanspruch lautet:

> „A fastener for shoes, or similar uses, comprising two series of links or sections respectively securable to the flaps to be fastened, the links of each series being connected together and provided with hooks constructed to interlock with the links of the opposite series, substantially as described.“[1]

Der Anspruch beschreibt die sich gegenüber stehenden Reihen von Haken, die miteinander verbunden werden, um den betreffenden Schuh zu schließen.

Die Abb. 9.2 zeigt in der Fig. 1 eine Draufsicht auf den Schuh mit dem Element zum Verhaken D, wobei im unteren Bereich der Schuh bereits verschlossen ist. Die Fig. 4 bis 6 zeigen jeweils einen Querschnitt des Elements zum Verhaken D, dessen jeweilige Position anhand der Fig. 3 ermittelt werden kann. Die Fig. 4 zeigt, dass das Element zum Verhaken D die gegenüberliegenden Haken bereits ergriffen hat, aber noch nicht miteinander verhakt hat. Die Fig. 6 zeigt bereits verhakte Elemente und die Fig. 5 stellt den Moment des Verhakens dar.

Das weitere Patent US 504038 von Whitcomb Judson, das ebenfalls am 29. August 1893 erteilt wurde, stellt eine Fortentwicklung dar und zeigt einen Schuhverschluss, der den heutigen Verschlüssen sehr nahe kommt. Die Erfindung beschreibt Klammerelemente, die jeweils einen vorderen Bereich aufweisen, der komplementär mit einem direkt gegenüberliegenden Element verschließbar ist.

Die Abb. 9.3 zeigt den verschließbaren Schuh. Das Problem der Reißverschlüsse von Judson war, dass sich diese bei Verdrehen von selbst öffnen konnten. Da sich Kleidungsstücke und Schuhe durch Körperbewegungen verdrehen und verbiegen und dadurch die Reißverschlüsse unvermittelt aufgehen konnten, wurde eine zufriedenstellende Praxistauglichkeit der Reißverschlüsse von Judson nie erreicht.

Gideon Sundback

Gideon Sundback verhalf dem Reißverschluss schließlich nach einigen Verbesserungen zum Durchbruch. In seinem Patent DE 216807, das am 1. April 1909 erteilt wurde, beschreibt er Verschlüsse für Kleidungsstücke, bei denen Haken und Ösen durch einen Schieber verbunden werden. Sundback löste mit seiner Erfindung das bis dahin bestehende Problem, dass sich die Reißverschlüsse durch Verbiegen von selbst öffneten.

Der Hauptanspruch lautet:

> „Verschluß für Kleidungsstücke jeder Art und für Gebrauchsgegenstände, bestehend aus an den Verschlußkanten des Kleidungsstückes u. dgl. kettenartig angeordneten Ösen- und Hakengliedern, die durch einen beide Ketten umfassenden Schieber zum Eingriff gebracht

[1] DPMA, https://depatisnet.dpma.de/DepatisNet/depatisnet?action=pdf&docid=US000000504037A&xxxfull=1, abgerufen am 5.4.2025.

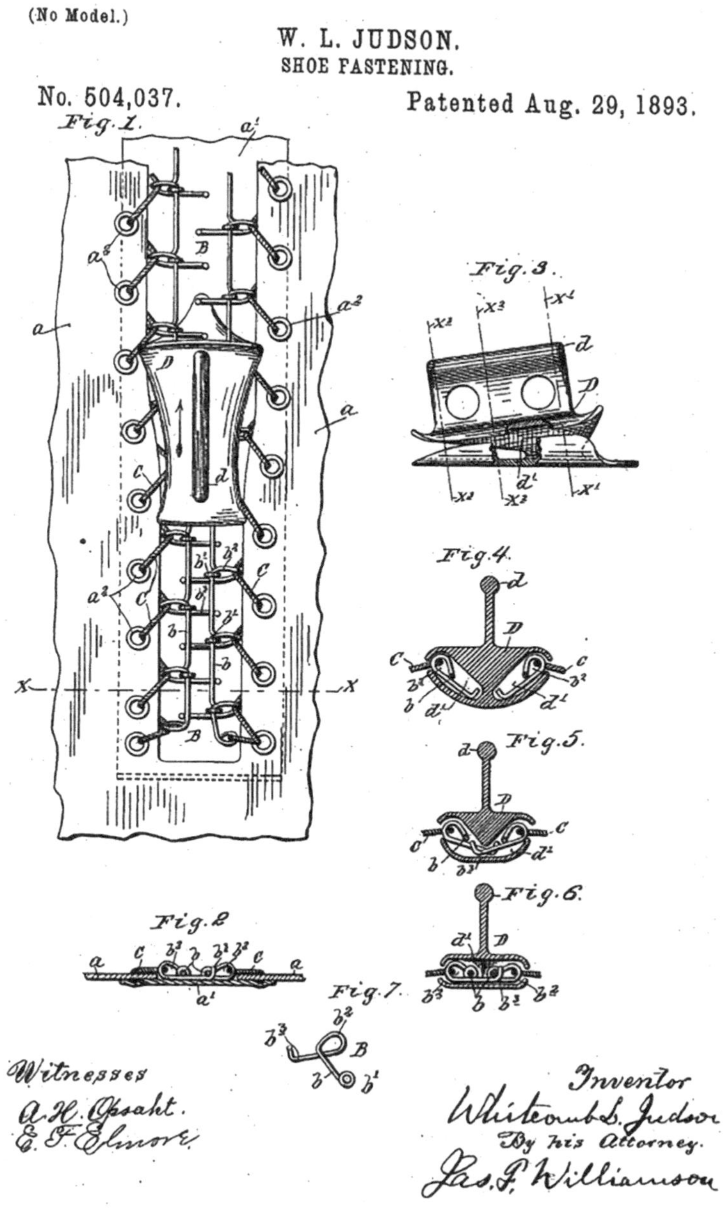

Abb. 9.2 Fig. 1 bis 7 der US504037 (DPMA, https://depatisnet.dpma.de/DepatisNet/depatisnet?action=pdf&docid=US000000504037A&xxxfull=1, abgerufen am 5.4.2025.)

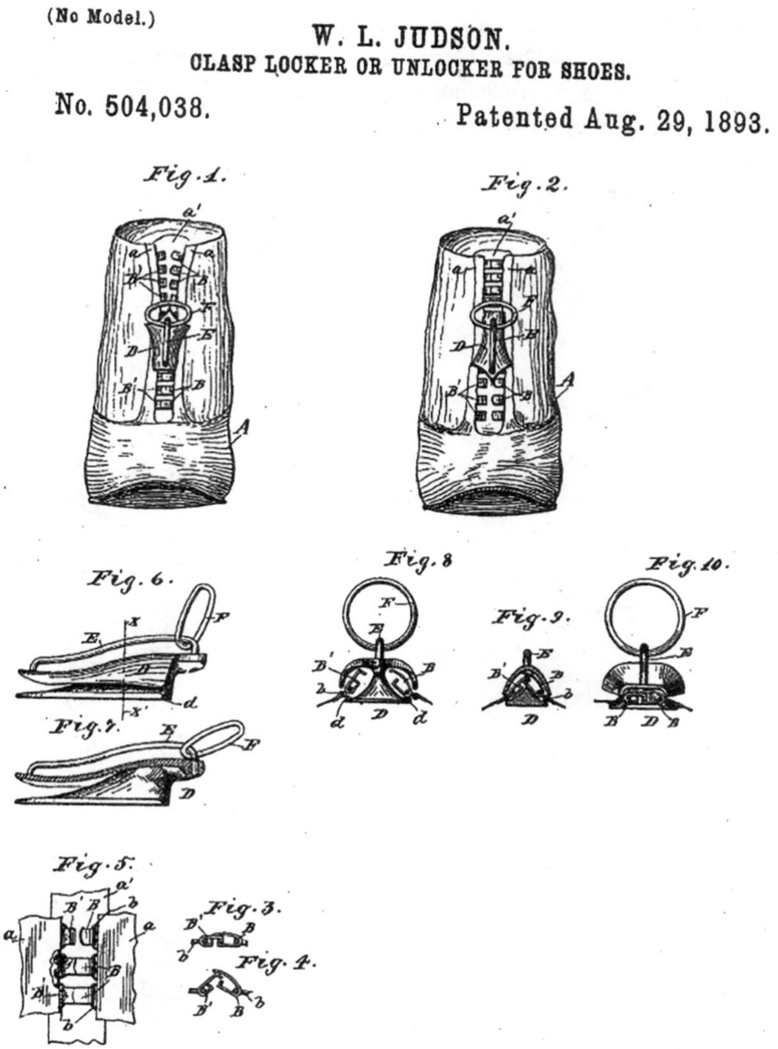

Abb. 9.3 Fig. 1 bis 10 der US504038 (DPMA, https://depatisnet.dpma.de/DepatisNet/depatisnet?action=pdf&docid=US000000504038A&xxxfull=1, abgerufen am 5.4.2025.)

werden, dadurch gekennzeichnet, daß die Öse (13) der Ösenglieder mit hohen Seitenflanken versehen ist, die über die Ansatzstelle der zugehörigen Haken (8) am Hakenglied greifen, um das Austreten des Hakens aus der Öse beim Durchbiegen des Verschlusses zu verhindern."[2]

---

[2] DPMA, https://depatisnet.dpma.de/DepatisNet/depatisnet?action=pdf&docid=DE000000216807A&xxxfull=1, abgerufen am 5.4.2025.

Die Abb. 9.4 zeigt die Erfindung, wobei eine Öse 13 in ein Röhrenelement 4 eingeführt wird und damit eine Verbindung von gegenüberliegenden komplementären Elementen ermöglicht. Zusätzlich weist die Öse 13 eine Nase 14 auf, die aus dem unteren Abschnitt der Röhre 4 ragt und in eine darunterliegende Öse eingreifen kann. Auf diese Weise wird nicht nur eine Verbindung von gegenüberliegenden Elementen geschaffen, sondern auch von übereinanderliegenden, benachbarten Ösen-Röhren-Paaren. Ein unerwünschtes Öffnen des erfindungsgemäßen Reißverschlusses erfordert daher, dass sich der komplette

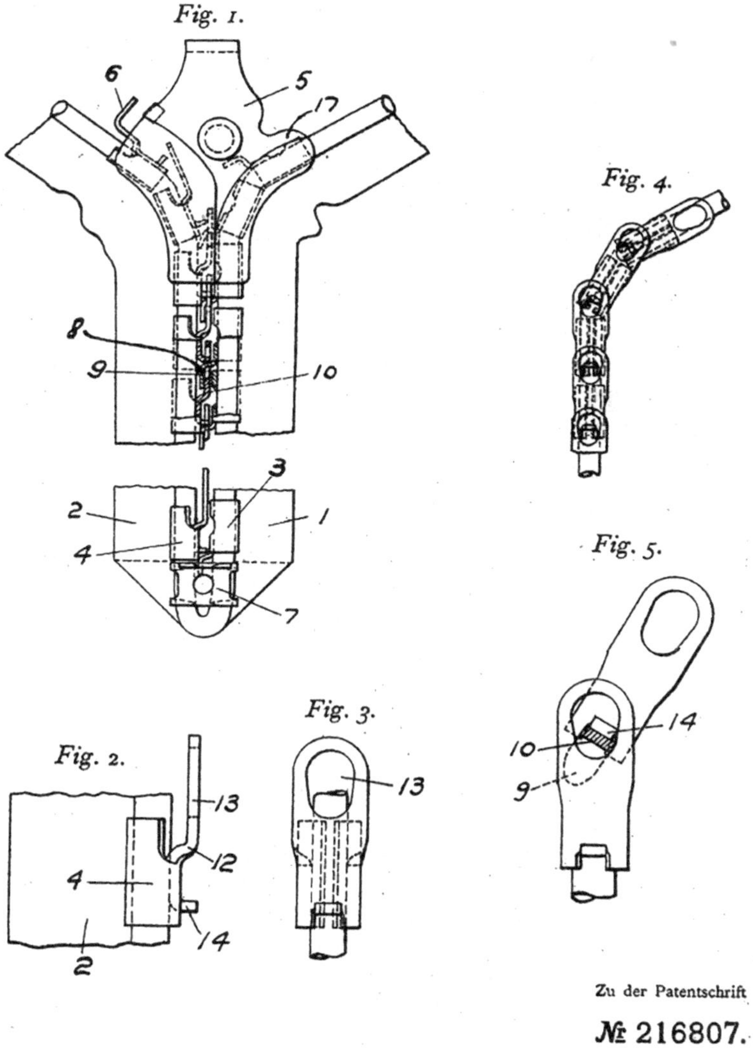

Abb. 9.4 Fig. 1 bis 5 der DE216807 (DPMA, https://depatisnet.dpma.de/DepatisNet/depatisnet?action=pdf&docid=DE000000216807A&xxxfull=1, abgerufen am 5.4.2025.)

Reißverschluss über seine gesamte Länge öffnet, was deutlich unwahrscheinlicher ist, als dass zunächst ein Verbindungspaar sich öffnet und dann sich weitere nachfolgend öffnen.

9.2 Büstenhalter

Hugo Schindler ist der Erfinder des Büstenhalters und hat seine Erfindung 1893 zum Patent angemeldet. Allerdings konnte sich seine Erfindung nicht durchsetzen.

Mary Phelps Jacob, aus vornehmen New Yorker Haus, meldete ebenfalls einen Büstenhalter zum Patent an, das am 3. November 1914 erteilt wurde. Ihr Anliegen war es, das damals von den Frauen der Oberschicht getragene Korsett durch eine bequemere und attraktivere Bekleidung abzulösen. Der einzige Anspruch ihres Patents US 1115674 lautet:

> „A brassière comprising a garment having a front formed of two portions joined verticallv in the middle of the front on a line having means at its lower end for holding the garment down, said joined portions extending sidewise to the front of the shoulder, and to under arms, combined with ties, attached under the arms and adapted to around the waist, and shoulder straps; the line from the bottom of said middle line to the shoulder strap being on the bias through the cloth, and the line from the top of said middle line to the place of attachment of said tie being on the bias at right angles thereto.“[3]

Die Abb. 9.5 und 9.6 zeigen den Büstenhalter der Mary Phelps Jacob.

Mary Phelps Jacob konnte ihren Büstenhalter nicht zu einem erfolgreichen Produkt machen und verkaufte ihr Patent für nur 1500 Dollar an die Warner Brothers Corset Company, ein Tochterunternehmen des Filmstudios Warner Brothers, die bereits 1920 einen Millionen-Umsatz mit dem Büstenhalter von Mary Jacob erzielen konnte.[4]

[3] DPMA, https://depatisnet.dpma.de/DepatisNet/depatisnet?action=pdf&docid=US000001115674A &xxxfull=1, abgerufen am 19.3.2025.

[4] WDR, https://www1.wdr.de/radio/wdr5/sendungen/zeitzeichen/zeitzeichen-buestenhalter-patent-100.html, abgerufen am 19.3.2025.

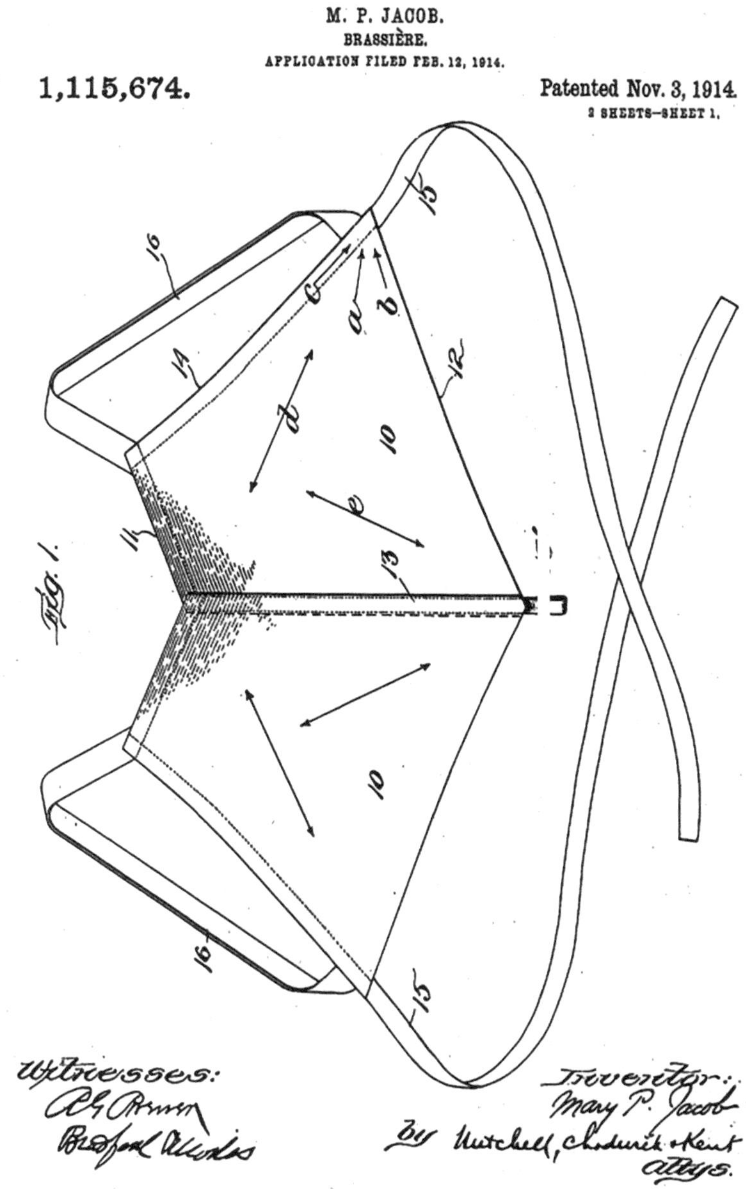

Abb. 9.5 Fig. 1 der US1115674 (DPMA, https://depatisnet.dpma.de/DepatisNet/depatisnet?action=pdf&docid=US000001115674A&xxxfull=1, abgerufen am 19.3.2025.)

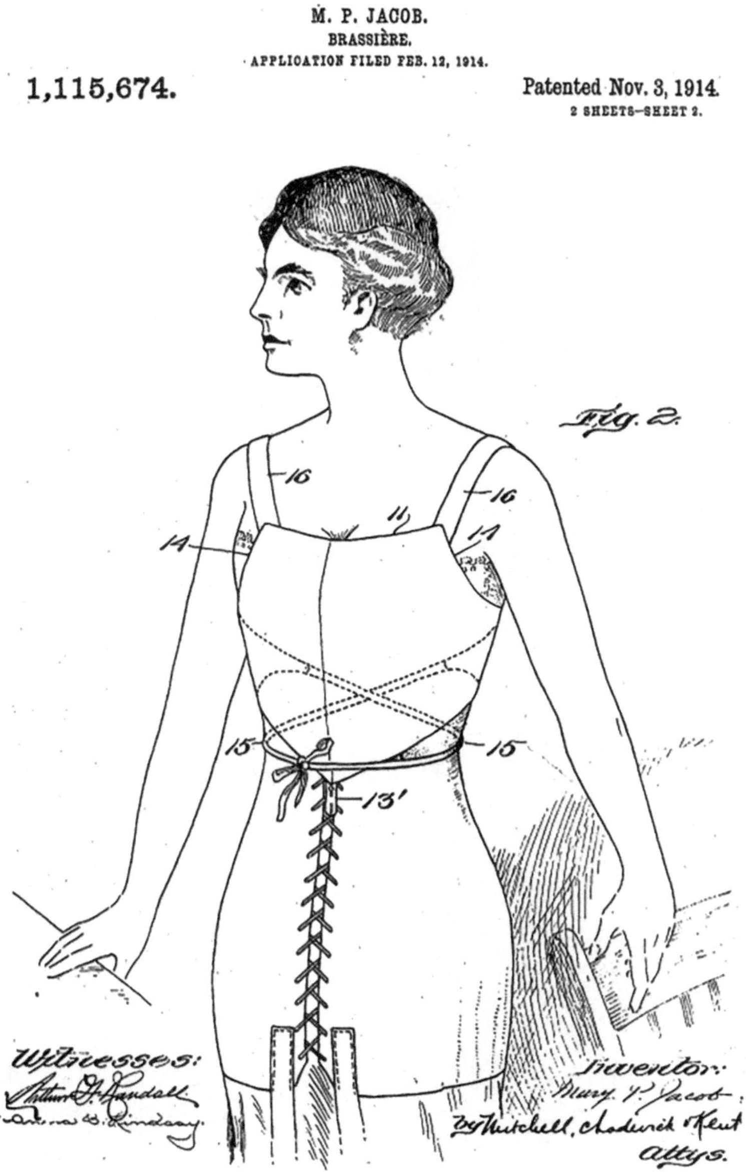

Abb. 9.6 Fig. 2 der US1115674 (DPMA, https://depatisnet.dpma.de/DepatisNet/depatisnet?action=pdf&docid=US000001115674A&xxxfull=1, abgerufen am 19.3.2025.)

Freizeit 10

In diesem Kapitel wird der Bügellift für Skifahrer und die erste „Achterbahn“ beschrieben. Die erste Achterbahn konnte noch keine spektakulären Fahrten ermöglichen. Erst eine spätere Erfindung erlaubte die waghalsigen Fahrmanöver moderner Achterbahnen.

10.1 Bügellift mit Wassermühle

Der Bügellift war für die allgemeine Beliebtheit und den Erfolg des Skisports als Massenphänomen entscheidend, denn nur durch diesen konnten die Skifahrer bequem auf einen Berg gelangen, um dann die Abfahrt zu genießen.

Das Patent CH 44626 A, das am 15. Juli 1908 beim Patentamt eingereicht wurde, beschreibt ein Seil, an das sich Skifahrer einhängen können, um sich auf den Gipfel eines Bergs ziehen zu lassen.

Der Hauptanspruch lautet:

> „Transporteinrichtung zum Ermöglichen des Bergaufwärtsfahrens mit Schlitten und Schneeschuhen, gekennzeichnet durch ein längs einer Fahrbahn beweglich angeordnetes Transportseil und durch Zangen, deren eine durch ein Zugorgan verbundene Hebelarme durch eine Feder gegeneinander gezogen werden, so dass die anderen, mit Klemmbacken zum Erfassen des Transportseiles versehenen Hebelarme das Seil zwischen sich festklemmen.“[1]

Die Abb. 10.1 zeigt in der Fig. 1 einen Abhang a, entlang dem ein Seil d gespannt ist, das über zwei Rollen wieder zurückgeführt wird. Die Rollen sind in zwei Häuschen

[1] DPMA, https://depatisnet.dpma.de/DepatisNet/depatisnet?action=pdf&docid=CH000000044626A&xxxfull=1, abgerufen am 5.4.2025.

T. H. Meitinger, *Tops und Flops. Hightech in Patenten*,
https://doi.org/10.1007/978-3-662-71855-1_10

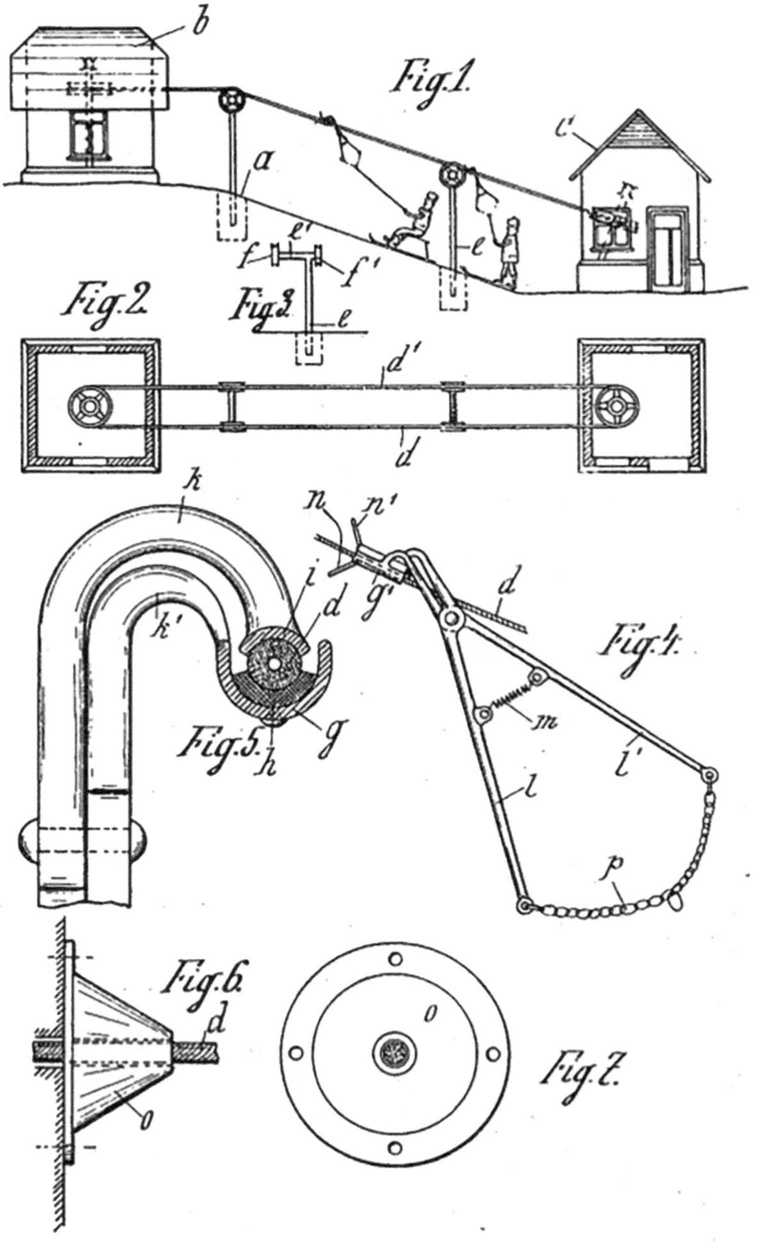

Abb. 10.1 Fig. 1 bis 7 der CH44626A (DPMA, https://depatisnet.dpma.de/DepatisNet/depatisnet?action=pdf&docid=CH000000044626A&xxxfull=1, abgerufen am 16.3.2025.)

untergebracht, wobei das eine Häuschen am Gipfel des Bergs und das andere im Tal errichtet sind. Die Rollen werden durch ein Wasserwerk angetrieben.

10.2 Achterbahn

Die erste „Achterbahn" war noch weit davon entfernt, atemberaubende Fahrten heutiger Achterbahnen zu ermöglichen. Die erste Achterbahn stammt von dem Russen Constantine de Bodisco und dem Spanier Pedro Diez de Rivera, deren Erfindung am 21. September 1869 zum Patent erteilt wurde.

Die Abb. 10.2 zeigt die erste „Achterbahn".

Erst die Erfindung von John A. Miller ermöglichte die heute üblichen haarsträubenden Fahrmanöver. In seinem Patent US 1319888, das am 28. Oktober 1919 erteilt wurde, wird ein zwangsgeführtes Fahrzeug eines Fahrgeschäfts beschrieben, das seine vorbestimmte Fahrbahn nicht verlassen kann.

Die Abb. 10.3 zeigt ein Fahrzeug S eines Fahrgeschäfts mit Rädern 14, die auf einer Fahrbahn 81 abrollen können. Das Fahrzeug S kann die Fahrbahn 81 nicht nach rechts oder links verlassen, da eine derartige Bewegung von den Rädern 27 verhindert wird, die senkrecht zu den Rädern 14 an der Fahrbahn abrollen. Das Fahrzeug S kann nicht von der Fahrbahn 81 abheben, da Räder 29 von unten die Fahrbahn abrollen. Durch die Erfindung wird daher das Fahrzeug zwangsweise auf der Fahrbahn 81 gehalten.

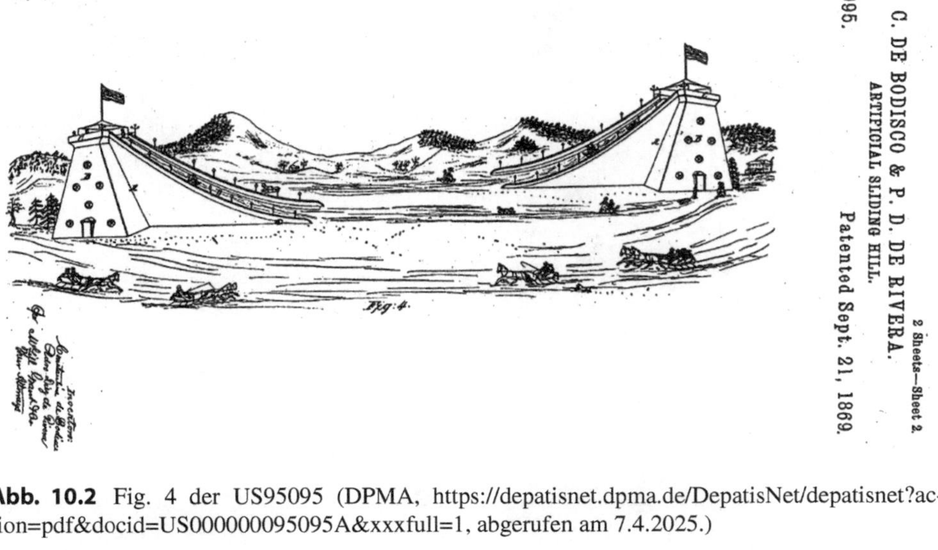

Abb. 10.2 Fig. 4 der US95095 (DPMA, https://depatisnet.dpma.de/DepatisNet/depatisnet?action=pdf&docid=US000000095095A&xxxfull=1, abgerufen am 7.4.2025.)

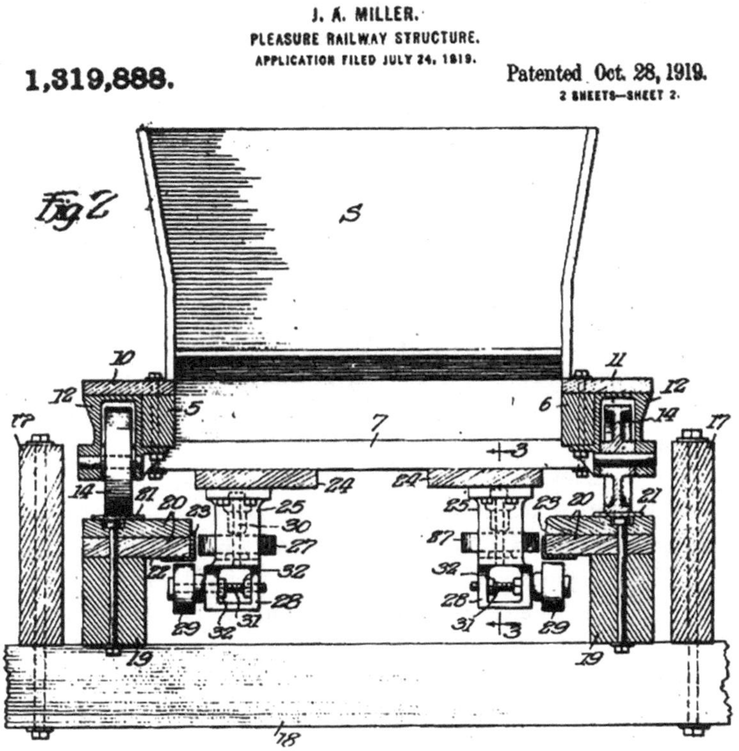

Abb. 10.3 Fig. 2 der US1319888 (DPMA, https://depatisnet.dpma.de/DepatisNet/depatisnet?action=pdf&docid=US000001319888A&xxxfull=1, abgerufen am 7.4.2025.)

Haushalt 11

Die Entwicklung des Staubsaugers begann bereits in der Mitte des 19. Jahrhunderts. Die ersten Staubsauger waren allesamt wirtschaftlich erfolglos. Erst mit der Erfindung von James Spangler Anfang des 20. Jahrhunderts begann der Siegeszug des Haushaltsstaubsaugers. Außerdem wird die Küchenmaschine der Vorwerk AG beschrieben.

11.1 Küchenmaschine mit Rührwerk

Die Vorwerk International AG ist die Inhaberin der Wortmarke „Thermomix".[1] Unter dieser Marke vertreibt die Vorwerk AG eine „Küchenmaschine mit einem Rührgefäß und einem Antrieb für ein Rührwerk in dem Rührgefäß",[2] die durch das Patent WO 95/29615 mit demselben Titel beschrieben wird. Dieses Produkt der Firma Vorwerk AG war ein großer Erfolg (siehe Abb. 11.1).[3]

11.2 Staubsauger

Die ersten Erfinder des Staubsaugers waren erfolglos. Daniel Hess, Ives W. Gaffey, Melville Bissell, Hubert Cecil Booth und Walter Griffiths hatten mit ihren Staubsaugern keinen wirtschaftlichen Erfolg. Erst der Staubsauger von James Murray Spangler, der sein

[1] EUIPO, https://euipo.europa.eu/eSearch/#details/trademarks/W01188472, abgerufen am 21..3.2025.

[2] DPMA, https://depatisnet.dpma.de/DepatisNet/depatisnet?action=pdf&docid=WO001995029615A1&xxxfull=1, abgerufen am 8.4.2025.

[3] Neue Züricher Zeitung, https://www.nzz.ch/wirtschaft/unternehmen/das-erfolgsgeheimnis-hinter-dem-thermomix-ld.9621, abgerufen am 21.3.2025.

T. H. Meitinger, *Tops und Flops. Hightech in Patenten*,
https://doi.org/10.1007/978-3-662-71855-1_11

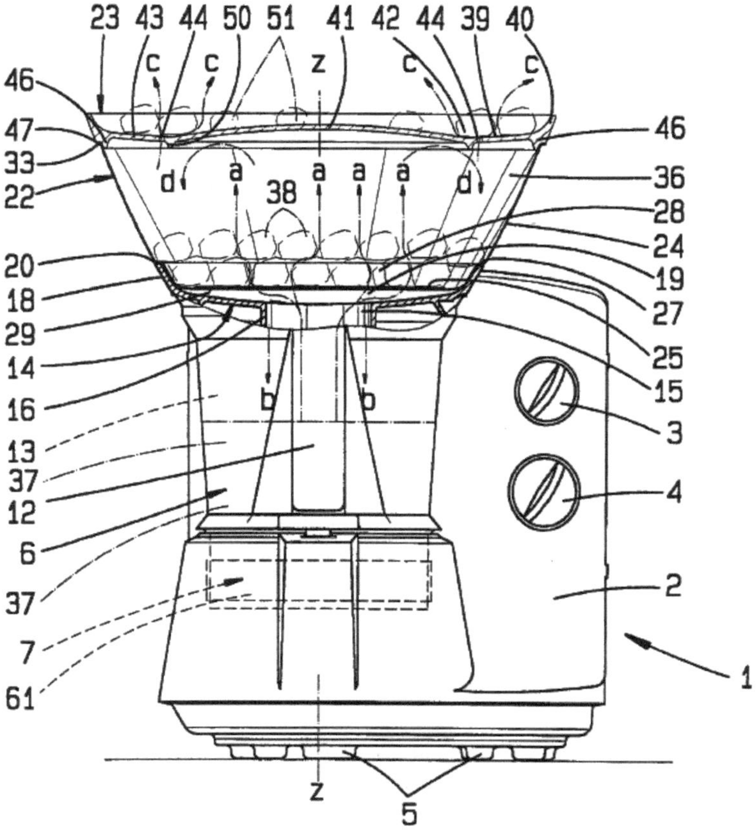

Abb. 11.1 Fig. 2 der WO9529615 (DPMA, https://depatisnet.dpma.de/DepatisNet/depatisnet?action=pdf&docid=WO001995029615A1&xxxfull=1, abgerufen am 21.3.2025.)

Patent an die Hoover Harness and Leather Goods Factory verkaufte, wurde zu einem weltweiten Erfolg, sodass „hoovering" sogar zum Synonym für Staubsaugen wurde.[4] Auch der Staubsauger von Eberhard Seger und die Staubsauger von Gustav Robert Paalen und Axel Wenner-Gren waren erfolgreich und wurden von der Firma Electrolux hergestellt.[5] Die Entwicklung des Staubsaugers benötigte daher einige Erfindergenerationen, schaffte aber die Grundlage zum Aufbau von Unternehmen von Weltrang.

Daniel Hess

Das Patent US 29077, das am 10. Juli 1860 erteilt wurde, beschreibt eine Vorrichtung zum Einsaugen von Schmutz, der in Wasser geleitet wird, um den Schmutz zu binden.

[4] Wikipedia, https://de.wikipedia.org/wiki/Staubsauger#Geschichte, abgerufen am 21.3.2025.

[5] Wikipedia, https://de.wikipedia.org/wiki/Staubsauger#Geschichte, abgerufen am 21.3.2025.

Der Hauptanspruch des Patents lautet:

> „The arrangement of the bellows D, with the water chambers F, F, and the brush C, the same being used and made to operate substantially as and for the purpose specified.“[6]

In dem Anspruch sind die wesentlichen Elemente der Erfindung genannt, nämlich die Bürste C, die den Schmutz aufwirbelt, der Faltenbalg D, der den aufgewirbelten Schmutz einsaugt, und die Wasserkammern, in die der Schmutz geleitet wird.

Die Abb. 11.2 zeigt eine rotierende Bürste C, wobei der Staub und der Schmutz aufgesaugt werden, wenn sie von der Bürste aufgewirbelt werden. Mit dem Faltenbalg D wird ein einsaugender Luftstrom erzeugt, sodass der Schmutz eingesaugt werden kann. Der von der Bürste C aufgewirbelte Schmutz wird daher von dem einsaugenden Luftstrom des Faltenbalgs D aufgesogen und durch Rohrleitungen b und c in die Wasserkammern F geleitet. Der Erfindung fehlte noch ein „Separator“, der effektiv Schmutzpartikel aus der Luft in das Wasserbad abführen konnte. Die Erfindung funktionierte daher nicht zufriedenstellend und führte zu keinem wirtschaftlichen Erfolg.

Melville R. Bissell

Das Patent US 182346, das am 19. September 1876 erteilt wurde, beschreibt eine Teppichkehrmaschine. Melville Bissells Erfindung war die erste funktionstüchtige Reinigungsmaschine für Teppiche.

Der Hauptanspruch lautet:

> „The combination of the driving-wheels W W, pillion P, and brush-roller B B, having its bearings near the center, substantially as and for the purpose described.“[7]

Der Anspruch beschreibt die Laufräder der Reinigungsvorrichtung, die Bürsten zum Reinigen eines Teppichs antreiben.

Die Abb. 11.3 zeigt die erfindungsgemäße Kehrmaschine, wobei der Rahmen F gebogen ist, um leichter um Möbel herumfahren zu können. Außerdem sind in der Fig. 2 Zahnräder W dargestellt, die dazu dienen, die Bürstenwalze B der Fig. 1 anzutreiben. Es sind Bürstenbüschel gezeigt, die dazu geeignet sind, den aufgewirbelten Schmutz und Staub von der Bürstenwalze B zu entfernen.

James Murray Spangler

Der Durchbruch des Staubsaugers gelang erst mit der Erfindung von James Spangler. Sein Patent US 889823, das am 2. Juni 1908 erteilt wurde, beschreibt einen Elektromotor, der Lüfterflügel antreibt, die für einen konstanten ansaugenden Luftstrom sorgen.

---

[6] DPMA, https://depatisnet.dpma.de/DepatisNet/depatisnet?action=pdf&docid=US000000029077A&xxxfull=1, abgerufen am 7.4.2025.

[7] DPMA, https://depatisnet.dpma.de/DepatisNet/depatisnet?action=pdf&docid=US000000182346A&xxxfull=1, abgerufen am 7.4.2025.

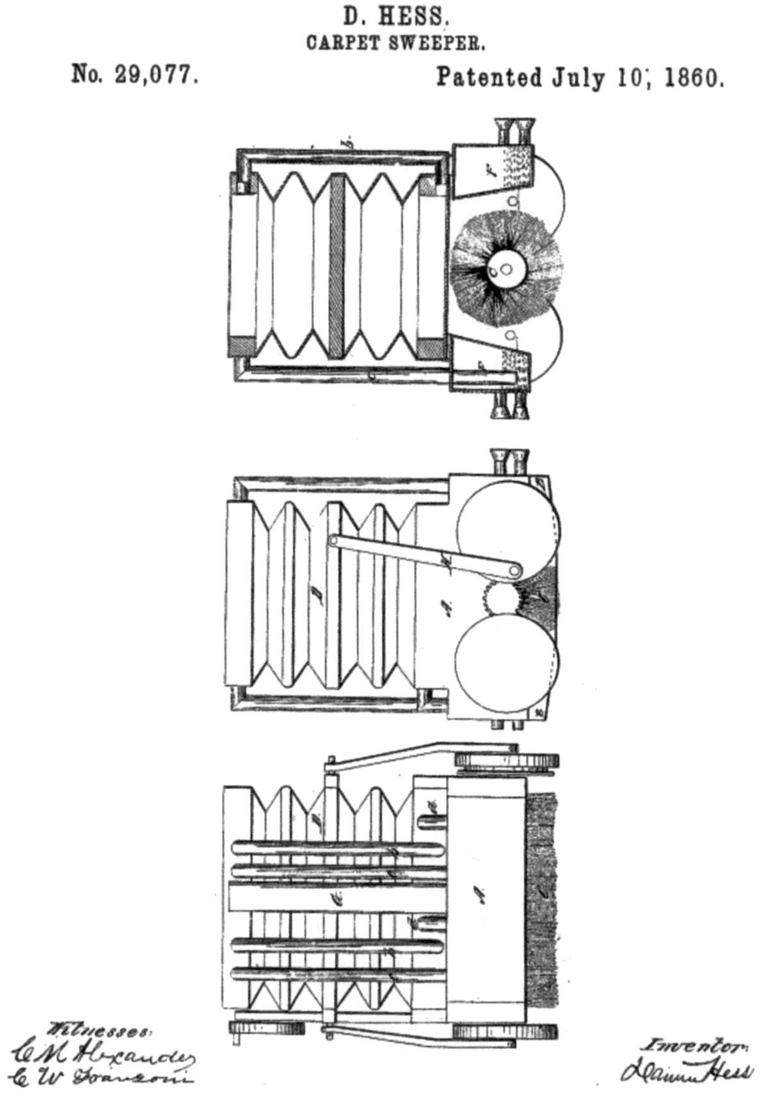

Abb. 11.2 Figuren der US29077 (DPMA, https://depatisnet.dpma.de/DepatisNet/depatisnet?action=pdf&docid=US000000029077A&xxxfull=1, abgerufen am 21.3.2025.)

Der Hauptanspruch der Patentschrift lautet:

„In a sweeper, the combination with a casing formed with a centrally disposed opening in its bottom, a bearing extending over the opening, a vertical shaft journaled in the bearing, a fail mounted on the vertical shaft, a flat housing which tapers toward the front and located under the casing which communicates with the centrally disposed opening, said housing extending

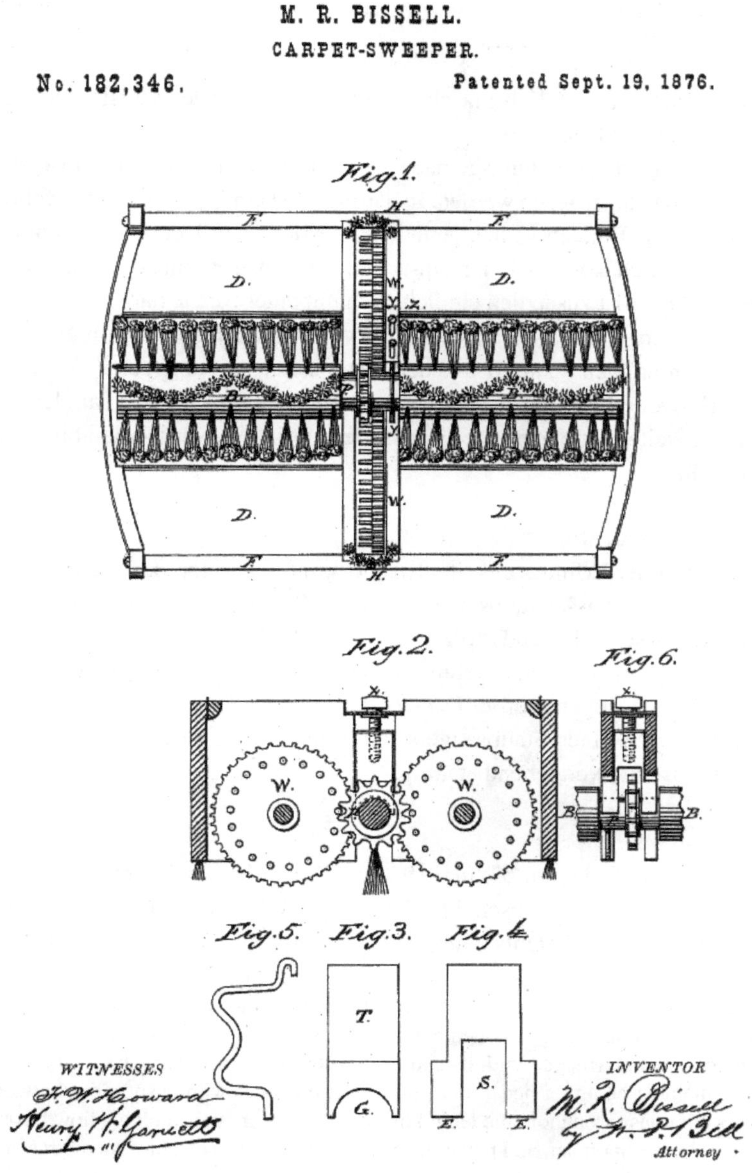

Abb. 11.3 Fig. 1 bis 5 der US182346 (DPMA, https://depatisnet.dpma.de/DepatisNet/depatisnet?action=pdf&docid=US000000182346A&xxxfull=1, abgerufen am 21.3.2025.)

beyond the casing and formed with an elongated opening in its bottom at the widest portion, a brush mounted in the extended end of the housing adjacent the elongated opening, means communicating with the side of the casing for receiving the dust laden air, and means for revolving the brush."[8]

Der Anspruch beschreibt die Kehrmaschine mit einer drehenden Bürste und Mittel zum Absaugen der staubbeladenen Luft.

Die Abb. 11.4 zeigt die erfindungsgemäße Kehrmaschine in der Fig. 1 mit Bürsten 12, die von einem Zahnrad 9 angetrieben werden. In der Fig. 2 ist ein Querschnitt der Kehrmaschine dargestellt, bei der die Bürsten 12 in einem Gehäuse 18 angeordnet sind. In dem Gehäuse 1 sind Flügel 5, die durch Rotation einen einsaugenden Luftstrom innerhalb des Gehäuses 18 erzeugen. In der Fig. 1 ist zusätzlich ein Schlauch mit einer Bürste dargestellt, der ebenfalls an dem Gehäuse 1 angeschlossen ist, sodass mit der Bürste Staub aufgesaugt werden kann. Die Flügel 5 befördern den Schmutz und den Staub in den Auffangbeutel 27.

Die Firma Hoover erwarb das Patent der Kehrmaschine von James Spangler und konnte damit einen weltweiten Erfolg erzielen. Unter der Marke Hoover werden bis heute Staubsauger hergestellt.[9]

Staubsauger mit Separator

J.W. Newcombe ist der Erfinder des Staubsaugers mit Separator, der jedoch nie marktreif funktionierte. Erst der Wasserstaubsauger von C.A. Brock arbeitete zufriedenstellend und führte zu einem wirtschaftlichen Erfolg.

Ein Separator trennt Staub und Schmutz von dem Luftstrom, mit dem der Schmutz in den Staubsauger eingesogen wurde. Der Schmutz wird beispielsweise in ein Wasserbad abgeleitet. Der Vorteil eines Staubsaugers mit Separator ist, dass die Luft, die aus dem Staubsauger ausströmt, weitgehend staubfrei ist.

John W. Newcombe

Das Patent US 1420665, das am 27. Juni 1922 erteilt wurde, beschreibt einen Staubsauger, der Staubpartikel aus der Luft abscheiden kann, wobei dies rein mechanisch erfolgt.

Der Hauptanspruch des Patents lautet:

„In a device of the character described, the combination with a casing having an inlet and an outlet, of a conical rotary separator member in said casing having an open end closing the passage lo the outlet and arranged with its end of smaller diameter toward the inlet, the conical wall of said member being formed with a plurality of openings with the portions between said openings continuous throughout the length of said wall, means for forcing a flow through the casing and separator member, and power means for rotating the separator member at a rate of travel proportionate to and greater than the rate of travel of the particles carried by the flow, whereby the portions of said separator member between said openings are caused to intercept said particles and convey them longitudinally of and toward the large end of the separator member."[10]

---

[8] DPMA, https://depatisnet.dpma.de/DepatisNet/depatisnet?action=pdf&docid=US000000889823A&xxxfull=1, abgerufen am 7.4.2025.

[9] Wikipedia, https://de.wikipedia.org/wiki/Hoover_(Haushaltsgerätehersteller), abgerufen am 7.4.2025.

[10] DPMA, https://depatisnet.dpma.de/DepatisNet/depatisnet?action=pdf&docid=US000001420665A&xxxfull=1, abgerufen am 7.4.2025.

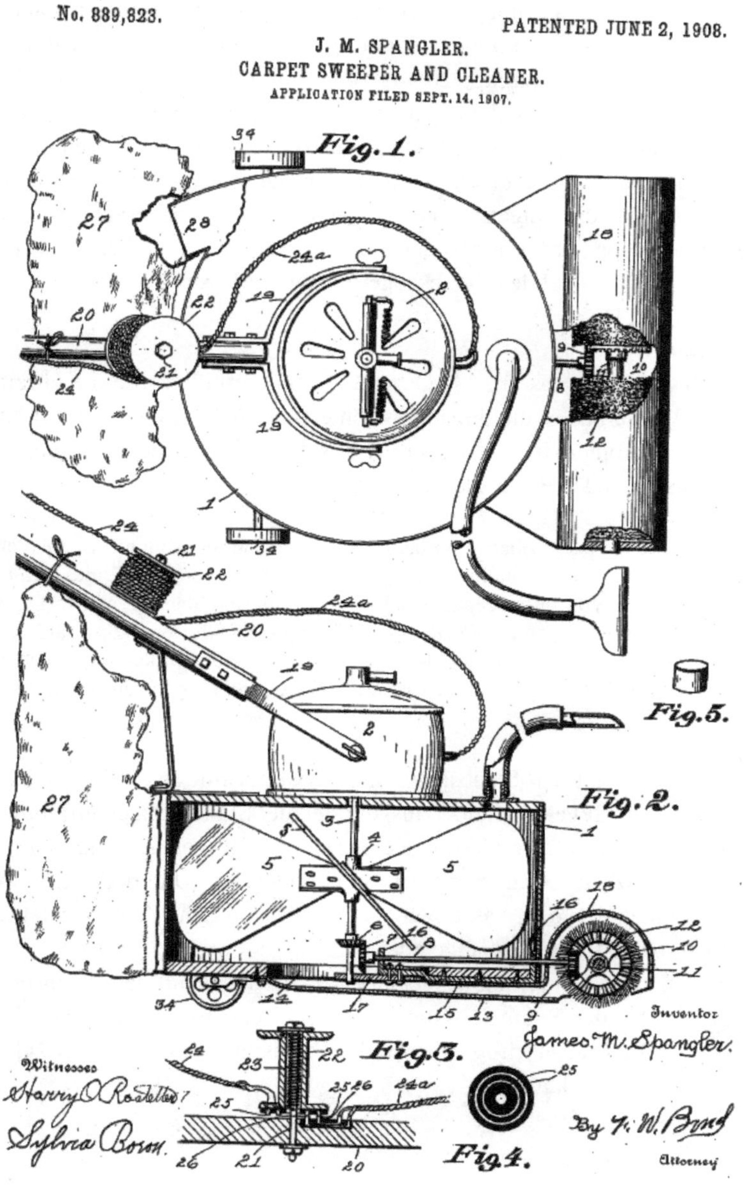

Abb. 11.4 Fig. 1 bis 5 der US889823 (DPMA, https://depatisnet.dpma.de/DepatisNet/depatisnet?action=pdf&docid=US000000889823A&xxxfull=1, abgerufen am 21.3.2025.)

Der Anspruch beschreibt, dass der Separator ein schnell rotierender Körper ist, der die Partikel in der Luft auffängt und abscheidet.

Die Abb. 11.5 zeigt den erfindungsgemäßen Staubsauger mit einem Staubaufnahmebereich 2, einer Saugdüse 4, in die der Schmutz und Staub eingesaugt wird. In dem Abscheidergehäuse 6 ist der Separator 20 angeordnet und darüber die Gebläsekammer 11, aus der die eingesaugte Luft wieder aus dem Staubsauger austritt. Der Separator 20 rotiert sehr schnell und kann durch seine Riffelung Partikel in der Luft erfassen und diese nach unten in den Staubaufnahmebereich 2 ableiten. Der Staubsauger von Newcombe wies kein Wasserbad auf, in das die eingefangenen Schmutzpartikel eingebracht werden konnten. Durch Verwirbelungen im Staubsauger konnten daher regelmäßig die bereits eingefangenen Schmutzpartikel den Staubsauger wieder verlassen.

Clarence A. Brock

Das Patent US 2102353, das am 14. Dezember 1937 erteilt wurde, beschreibt die Verwendung eines Wasserbades, um die durchströmende Luft zu reinigen. In der Patentschrift wird außerdem empfohlen, in das Wasserbad Zusatzstoffe zu geben, die keimtötend sind.

Der Hauptanspruch des Patents lautet:

> „In a device of the class described, a portable vacuum cleaner housing having inlet and outlet openings therethrough and including a receptacle containing a bath of liquid, said inlet opening communicating with said receptacle, a blower within said housing, a centrifugal separator extending into said receptacle above said bath, and means for operating said blower and said separator for drawing air into said housing through said inlet opening, into contact with the liquid of said bath, through said separator, and for discharging the air through said outlet opening."[11]

Der Anspruch beschreibt den Staubsauger mit Separator mit einem Flüssigkeitsbad. Der Separator ist als Zentrifugalabscheider ausgebildet, der Staubpartikel aufnimmt und sie in Richtung des Wasserbads schleudert. Die eingesaugte Luft gelangt zunächst in einen Bereich in dem der Zentrifugalabscheider angeordnet ist. Unterhalb des Zentrifugalabscheiders befindet sich das Wasserbad, sodass die von dem Zentrifugalabscheider erfassten Partikel in das Wasserbad abgeleitet werden.

Die Abb. 11.6 zeigt den erfindungsgemäßen Staubsauger mit dem Saugrüssel AB, der Staub und Schmutz in den Raum 56 saugt, in dem der Zentrifugalabscheider 52 angeordnet ist. Direkt unterhalb des Zentrifugalabscheiders befindet sich das Wasserbad 54, das die Staubpartikel aufnehmen kann.

---

[11] DPMA, https://depatisnet.dpma.de/DepatisNet/depatisnet?action=pdf&docid=US000002102353A&xxxfull=1, abgerufen am 7.4.2025.

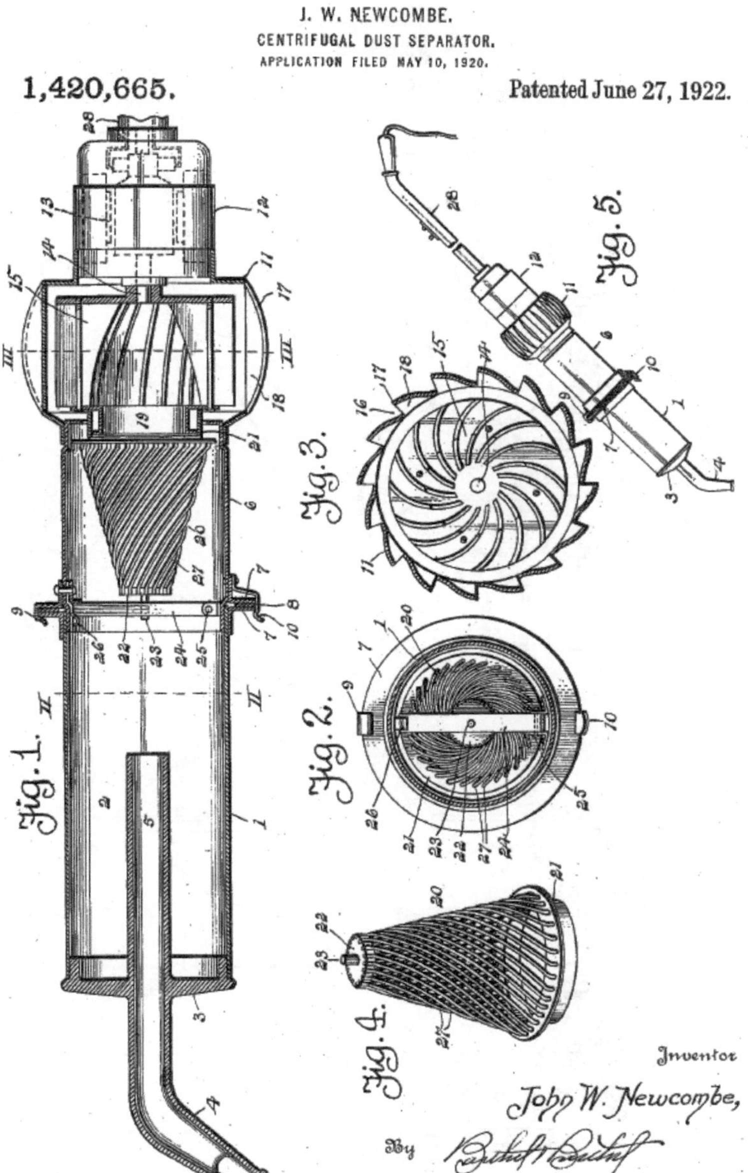

Abb. 11.5 Fig. 1 bis 5 der US1420665 (DPMA, https://depatisnet.dpma.de/DepatisNet/depatisnet?action=pdf&docid=US000001420665A&xxxfull=1, abgerufen am 21.3.2025.)

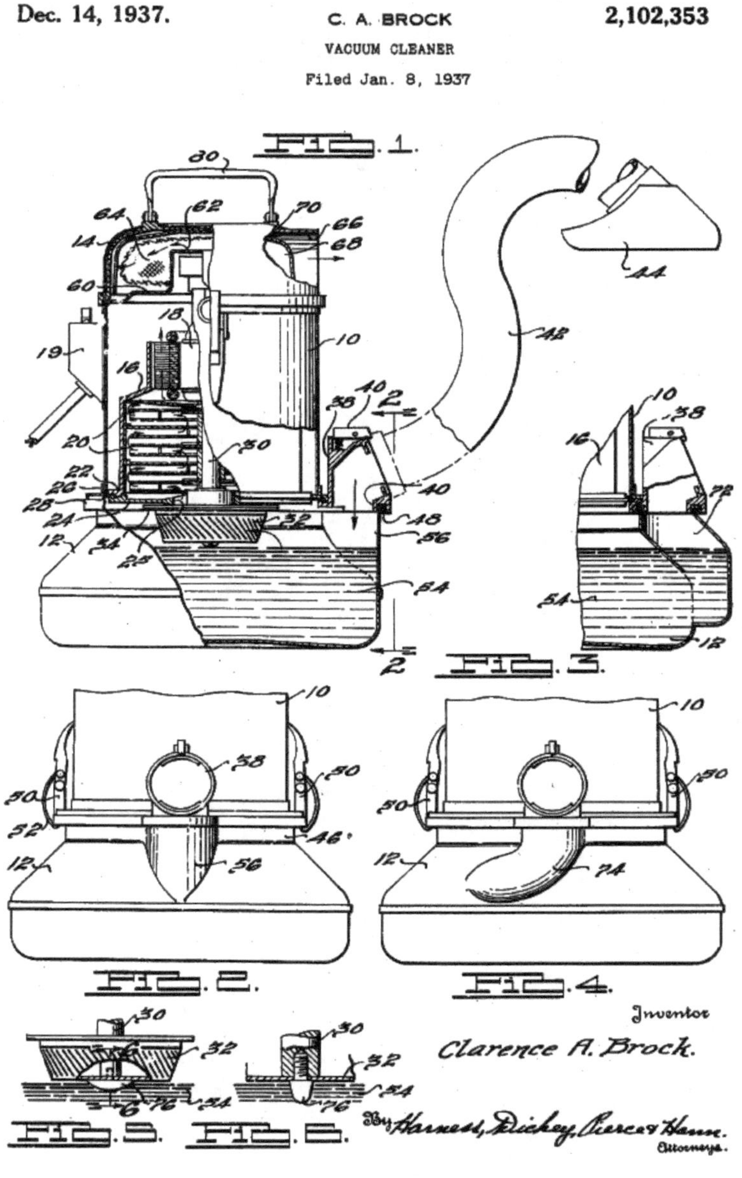

Abb. 11.6 Fig. 1 bis 6 der US2102353 (DPMA, https://depatisnet.dpma.de/DepatisNet/depatisnet?action=pdf&docid=US000002102353A&xxxfull=1, abgerufen am 21.3.2025.)

Stichwortverzeichnis

T. H. Meitinger, *Tops und Flops. Hightech in Patenten*,
https://doi.org/10.1007/978-3-662-71855-1

FSC
www.fsc.org
MIX
Papier | Fördert gute Waldnutzung
FSC® C083411

Kolibri 360 GmbH
Ferdinand-Jühlke-Straße 7
99095 Erfurt, Deutschland
produktsicherheit@kolibri360.de